仪器分析实验

Experiment for Instrument Analysis

卢士香　齐美玲　张慧敏　曹　洁　邵清龙 ◎ 主编

北京理工大学出版社
BEIJING INSTITUTE OF TECHNOLOGY PRESS

内 容 简 介

本书共 8 章，包括实验室的一般知识、电位分析法、库仑分析法、伏安分析法、原子发射光谱法、原子吸收光谱法、原子荧光光谱法、紫外 – 可见分光光度法、红外光谱法、分子荧光光谱法、气相色谱法、液相色谱法、气相色谱 – 质谱联用法、液相色谱 – 质谱联用法、质谱分析法、核磁共振波谱法、粉末 X – 射线衍射法、设计实验、实验数据计算机处理和模拟。共编入基本实验 34 个、设计实验题目 10 个。书中扼要介绍了相关实验涉及的原理、相关仪器及使用方法。书中附录列出了分析化学常用的常数、参数等。

本书可作为普通高等学校及师范院校的化学、生物、医学等相关专业的本科生仪器分析实验教材，也可供从事分析、检验工作的科技人员参考。

图书在版编目（CIP）数据

仪器分析实验/卢士香等主编 . —北京：北京理工大学出版社，2017.1（2025.1 重印）

ISBN 978 – 7 – 5682 – 3449 – 8

Ⅰ. ①仪…　Ⅱ. ①卢…　Ⅲ. ①仪器分析 – 实验 – 高等学校 – 教材　Ⅳ. ①O657 – 33

中国版本图书馆 CIP 数据核字（2016）第 297804 号

出版发行 /	北京理工大学出版社有限责任公司
社　　址 /	北京市海淀区中关村南大街 5 号
邮　　编 /	100081
电　　话 /	（010）68914775（总编室）
	（010）82562903（教材售后服务热线）
	（010）68944723（其他图书服务热线）
网　　址 /	http://www.bitpress.com.cn
经　　销 /	全国各地新华书店
印　　刷 /	北京虎彩文化传播有限公司
开　　本 /	787 毫米 × 1092 毫米　1/16
印　　张 /	11.5
字　　数 /	267 千字
版　　次 /	2017 年 1 月第 1 版　2025 年 1 月第 5 次印刷
定　　价 /	45.00 元

责任编辑 / 钟　博
文案编辑 / 钟　博
责任校对 / 周瑞红
责任印制 / 王美丽

分析化学是表征和测量的科学，包括化学分析和仪器分析。仪器分析方法与化学分析方法相比，发展更快。仪器分析方法及其内容迅速增加，其重要性日益突出。仪器分析已成为各高等院校化学类及其相关专业的公共基础课程。仪器分析实验是仪器分析课程的重要组成部分，本书介绍了常见分析仪器的使用方法和应用。仪器分析实验课程的主要目的是通过仪器分析实验，使学生加深对有关仪器分析方法基本原理的理解，掌握常见分析仪器的基本构造、使用方法及其在分析测试中的应用，仪器分析实验的基本知识和技能；让学生学会正确地使用分析仪器，合理地选择实验条件，正确处理数据和表达实验结果；培养学生严谨求是的科学态度，科技创新和独立工作的能力，利用分析仪器手段分析解决问题和正确处理实验结果、数据等的能力。

本书力求反映理工科的特色，努力联系工程、社会和生活实际，实现基础与前沿、经典与现代的有机结合，以实验特有的应用性和创造性激发学生的想象力和创造力，培养学生从事科学研究的能力和综合实践能力。

首先，本书介绍了仪器分析实验的基础知识，包括实验室规章、实验用水的规格和制备、常用玻璃器皿的洗涤、化学试剂与试样的准备等内容。其次，本书重点介绍了常用的仪器分析方法原理、仪器结构与原理和实验内容，主要包括电位分析法、库仑分析法、伏安分析法、原子发射光谱法、原子吸收光谱法、原子荧光光谱法、紫外－可见分光光度法、红外光谱法、分子荧光光谱法、气相色谱法、液相色谱法、气相色谱－质谱联用法、液相色谱－质谱联用法、质谱分析法、核磁共振波谱法、粉末 X－射线衍射法等。

本书包括仪器分析实验 34 个，设计实验题目 10 个。使用本教材时可根据专业要求和实验条件对内容进行取舍。

参加本书编写的教师有卢士香、赵天波、齐美玲、张慧敏、曹洁、邵清龙。全书由卢士香整理定稿，由赵天波、齐美玲审阅。感谢赵天波在教材编写过程中给予的指导和帮助。北京理工大学化学学院分析化学系的许多教师先后参与本实验课程的教学，对本教材的建设作出了许多贡献，在此深表感谢。

由于编写水平有限，书中的错误和不妥之处在所难免，诚恳地希望读者批评指正，以便再版时修正。

编　者

2016 年 9 月于北京理工大学

目　录
CONTENTS

第一章

仪器分析实验的基本知识

1.1 仪器分析实验的基本要求

1.1.1 仪器分析实验的教学目的

仪器分析实验是仪器分析课程的重要组成部分。它是学生在教师的指导下，以分析仪器为工具，亲自动手获得所需物质的化学组成、结构和形态等信息的教学实践活动。仪器分析实验可使学生加深对有关仪器分析方法基本原理的理解，掌握仪器分析实验的基本知识和技能；可使学生会正确地使用分析仪器、合理地选择实验条件、正确地处理数据和表达实验结果；可培养学生严谨求是的科学态度、科技创新和独立工作的能力。

1.1.2 仪器分析实验的基本规则

(1) 仪器分析实验所使用的仪器一般都比较昂贵，同一实验室不可能购置多套同类仪器，仪器分析实验通常采用大循环方式组织教学。因此，学生在实验前必须做好预习工作，仔细阅读仪器分析实验教材，了解分析方法和分析仪器工作的基本原理，仪器主要部件的功能、操作程序和注意事项。

(2) 学会正确使用仪器。要在教师的指导下熟悉和使用仪器，要勤学好问，未经教师允许不得随意开动或关闭仪器，更不得随意旋转仪器按钮、改变仪器的工作参数等。详细了解仪器的性能，防止损坏仪器或发生安全事故。应始终保持实验室的整洁和安静。

(3) 在实验过程中，要认真地学习有关分析方法的基本要求。要细心观察实验现象、仔细记录实验条件和分析测试的原始数据；学会选择最佳实验条件；积极思考、勤于动手，培养良好的实验习惯和科学作风。

(4) 爱护仪器设备。实验中如发现仪器工作不正常，应及时报告教师处理。每次实验结束，应将所用仪器复原，清洗好使用过的器皿，整理好实验室。

(5) 认真写好实验报告。实验报告应简明扼要，图表清晰。实验报告的内容包括实验名称、完成日期、实验目的、方法原理、仪器名称及型号、主要仪器的工作参数、主要实验步骤、实验数据或图谱、实验中出现的现象、实验数据处理和结果处理、问题讨论等。认真写好实验报告是提高实验教学质量的一个重要环节。

1.1.3　仪器分析实验的操作规则

1. 认真预习

实验前应准备一本预习报告本，认真预习，并作好预习报告。预习报告应简明扼要。

预习的内容包括：实验目的、实验原理、操作步骤、主要的仪器、药品用法及用量以及实验中的注意事项等。预习时，针对实验原理部分，应结合理论知识相关内容，广泛查阅参考资料，真正做到实践与理论融会贯通；针对操作步骤中初次接触的操作技术，应认真查阅实验教材中相关的操作方法，了解这些操作的规范要求，保证实验中操作的规范，注重基本操作的规范化培养。

预习是做好实验的前提和保证，预习工作可以归纳为如下三点：

（1）认真阅读实验教材、有关参考书及参考文献，做到：

①明确实验目的，掌握实验原理及相关计算公式；熟悉实验内容、主要操作步骤及数据的处理方法；提出注意事项，合理安排实验时间，使实验有序、高效地进行。

②预习（或复习）仪器的基本操作和使用。

（2）查阅手册和有关资料，并列出实验中出现的化合物的性能和物理常数。

（3）在阅读实验教材、有关参考书及参考文献和查阅手册和有关资料的基础上认真写好预习报告。

2. 爱护仪器

要爱护仪器设备，对初次接触的仪器（尤其是大型分析仪器），应在了解其基本原理的基础上，仔细阅读仪器的操作规程，认真听从老师的指导。未经允许不可私自开启设备，以防损坏仪器。

3. 注意安全

严格遵守实验室安全规则，熟悉并掌握常见事故的处理方法。保持室内整洁，保证实验台面干净、整齐。将火柴梗、废纸等杂物丢入垃圾筐，要节约使用水、电等。

4. 遵守纪律

严格遵守实验纪律，不缺席，不早退，有事要请假，并跟老师约好时间，另行补做。每次实验应提前 10 min 进实验室。保持室内安静，不要大声谈笑，不要到处乱走，禁止在实验室嬉闹。

5. 严谨实验

（1）认真听取实验前的课堂讲解，积极回答老师提出的问题。进一步明确实验原理、操作要点、注意事项，仔细观察老师的操作示范，保证基本操作规范化。

（2）按拟定的实验步骤操作，既要大胆又要细心，仔细观察实验现象，认真测定数据。每个测定指标至少要做 3 个平行样。有意识地培养自己高效、严谨、有序的工作作风。

（3）对观察到的现象和数据要将其如实记录在预习报告本上，做到边实验、边思考、边记录。不得用铅笔记录，原始数据不得涂改或用橡皮擦拭，如记错可在原数据上划一横杠，再在旁边写上正确值。

（4）实验中要勤于思考，仔细分析。如发现实验现象或测定数据与理论不符，应尊重实验事实，并认真分析和检查原因，也可以做对照实验、空白实验或自行设计实验来核对。

（5）实验结束后，应立即把所用的玻璃仪器洗净，将仪器复原，填好使用记录，清理好实验台面。将预习报告本交给老师检查，确定实验数据合格后，方可离开实验室。

（6）值日生应认真打扫实验室，关好水、电、门、窗后方可离开实验室。

实验操作规则是保证良好的工作环境和工作秩序，防止意外事故发生的准则，人人都要遵守。要在实验中有意识地培养自己的动手能力、独立解决问题的能力以及良好的工作作风。

1.2　实验报告和实验数据处理

1.2.1　评价分析方法和分析结果的基本指标

一个好的分析方法应该具有良好的检测能力，易获得可靠的测定结果，有广泛的适用性。此外，操作方法应尽可能简便。检测能力用检出限表征，测定结果的可靠性用准确度和精密度表示，适用性用标准曲线的线性范围和抗干扰能力来衡量。一个好的分析结果应随机误差小，又没有系统误差。

1.2.2　实验报告

做完实验仅是完成实验的一半，更重要的是进行数据整理和结果分析，把感性认识提高到理性认识。要求做到：

（1）认真、独立完成实验报告。对实验数据进行处理（包括计算、做图），得出分析测定结果。

（2）将平行样的测定值或测定值与理论值进行比较，分析误差。

（3）对实验中出现的问题进行讨论，提出自己的见解，对实验提出改进方案。

实验报告应包括：

（1）实验题目、完成日期、姓名、合作者。

（2）实验目的、简要原理、所用仪器、试剂及主要实验步骤。

（3）实验数据及计算结果，实验的讨论。

（4）解答实验思考题。

（5）原始实验数据记录。

报告中所列的实验数据和结论，应组织得有条理，合乎逻辑，还应表达得简明正确，并附上应有的图表。

1.2.3　实验数据及分析结果的表达

1. 列表法

列表法具有直观、简明的特点。实验的原始数据一般均以此方法记录。列表需标明表名。表名应简明，但又要完整地表达表中数据的含义。此外，还应说明获得数据的有关条件。表格的纵列一般为实验号，而横列为测量因素。记录数据应符合有效数字的规定，并使数字的小数点对齐，以便于数据的比较分析。

2. 图解法

图解法可以使测量数据间的关系表达得更为直观。许多测量仪器使用记录仪记录所获得的测量图形，利用图形可以直接或间接地求得分析结果。

1）利用变量间的定量关系图形求得未知物含量

定量分析中的标准曲线，就是以自变量浓度为横坐标，应变量即各测定方法相应的物理量为纵坐标，绘制标准曲线。对于欲求的未知物浓度，可以由它测得的相应物理量值从标准曲线上查得。

2）通过曲线外推法求值

分析化学测量中常用间接方法求测量值。如对未知试样可以通过连续加入标准溶液，测得相应方法的物理量变化，用外推作图法求得结果。在氟离子选择电极测定饮用水中氟的实验中，可使用格式图解法求得氟离子含量。

3）求函数的极值或转折点

实验中常需要确定变量之间的极大、极小、转折等，通过图形表达后，可迅速求得其值。如光谱吸收曲线中，求得峰值波长及它的摩尔吸光系数；滴定分析中，通过滴定曲线上的转折点求得滴定终点等。

4）图解微分法和图解积分法

如利用图解微分法来确定电位滴定的终点，在气相色谱法中，利用图解积分法求色谱峰面积。

3. 分析结果的数值表示

报告分析结果时，必须给出多次分析结果的平均值以及它的精密度。注意数值所表示的准确度与测量工具、分析方法的精密度一致。报告的数据应遵守有效数字规则。重复测量试样，平均值应报告出有效数字的可疑数。当测量值遵守正态分布规律时，其平均值为最可信赖值和最佳值，它的精密度优于个别测量值，故在计算不少于四个测量值的平均值时，平均值的有效数字位数可增加一位。一项测定完成后，仅报告平均值是不够的，还应报告这一平均值的偏差。在多数场合下，偏差值只取一位有效数字，只有在多次测量时，才取两位有效数字，且最多只能取两位有效数字。用置信区间来表达平均值的可靠性更可取。

1.3　分析实验室的安全规则

在仪器分析化学实验中，经常使用有腐蚀性的易燃、易爆或有毒的化学试剂，大量使用易损的玻璃仪器和某些精密分析仪器，实验过程中也不可避免用电、水等。为确保实验的正常进行和人身及设备安全，必须严格遵守实验室的安全规则：

（1）实验室内严禁饮食、吸烟，一切化学药品禁止入口，实验完毕须洗手；水、电位用后应立即关闭；离开实验室时，应仔细检查水、电、门、窗是否均已关好。

（2）了解实验室消防器材的正确使用方法及放置的确切位置，一旦发生意外，能有针对性地扑救。实验过程中，门、窗及换风设备要打开。

（3）使用电气设备时应特别细心，切不可用潮湿的手去开启电闸和电器开关。凡是漏电的仪器不可使用，以免触电。

（4）使用精密分析仪器时，应严格遵守操作规程，仪器使用完毕，将仪器各部分复原，并关闭电源，拔去插头。

（5）浓酸浓碱具有腐蚀性，尤其是用浓 H_2SO_4 配制溶液时，应将浓酸缓缓注入水中，而不得将水注入酸中，以防止浓酸溅在皮肤和衣服上。使用浓 HNO_3、HCl、H_2SO_4、氨水时，均应在通风橱中操作。

（6）使用四氯化碳、乙醚、苯、丙酮、三氯甲烷等有机溶剂时，一定要远离火源和热源。使用完毕，将试剂瓶塞好，放在阴凉（通风）处保存。低沸点的有机溶剂不能直接在火焰或热源上加热，而应在水浴上加热。

（7）热、浓的高氯酸遇有机物常易发生爆炸，使用汞盐、砷化物、氰化物等剧毒物品时应特别小心。

（8）储备试剂、试液的瓶上应贴有标签，严禁非标签上的试剂装入试剂瓶。自试剂瓶中取用试剂后，应立即盖好试剂瓶盖。决不可将已取出的试剂或试液倒回试剂瓶中。

（9）将温度计或玻璃管插入胶皮管或胶皮塞前，用水或甘油润滑，并用毛巾包好再插，两手不要分得太开，以免实验器具折断划伤手。

（10）加热或进行反应时，人不得离开。

（11）保持水槽清洁，禁止将固体物、玻璃碎片等扔入水槽，以免造成下水道堵塞。

（12）发生事故时，要保持冷静，针对不同的情况采取相应的应急措施，防止事故扩大。

1.4　玻璃仪器的洗涤、干燥和存放

1.4.1　玻璃仪器的洗涤

分析化学实验中所使用的器皿应洁净。其内外壁应能被水均匀地润湿，且不挂水珠。在分析工作中，洗净玻璃仪器不仅是一个必须做的实验前的准备工作，也是一个技术性的工作。仪器洗涤是否符合要求，对化验工作的准确度和精密度均有影响。不同分析工作（如工业分析、一般化学分析、微量分析等）有不同的仪器洗净要求。

分析实验中常用的烧杯、锥形瓶、量筒、量杯等一般的玻璃器皿，可用毛刷蘸去污粉或合成洗涤剂刷洗，再用自来水冲洗干净，然后用蒸馏水或去离子水润洗 3 次。

滴定管、移液管、吸量管、容量瓶等具有精确刻度的仪器，可采用合成洗涤剂洗涤。其洗涤方法是：将配制 0.1%～0.5% 浓度的洗涤液移入容器中，浸润、摇动几分钟，用自来水冲洗干净后，再用蒸馏水或去离子水润洗 3 次，如果未洗干净，可用铬酸洗液洗涤。

光度法用的比色皿，是用光学玻璃制成的，不能用毛刷洗涤，应根据不同情况采用不同的洗涤方法。常用的洗涤方法是，将比色皿浸泡于热的洗涤液中一段时间后冲洗干净。注意：比色皿不可用铬酸洗液清洗。

仪器的洗涤方法很多，应根据实验要求、污物性质、沾污的程度来选用。一般说来，附着在仪器上的脏物有尘土和其他不溶性杂质、可溶性杂质、有机物和油污，针对这些情况可分别用下列方法洗涤。

1. 刷洗

用水和毛刷刷洗，除去仪器上的尘土及其他物质，注意毛刷的大小，形状要适合，如洗圆底烧瓶时。毛刷要作适当弯曲才能接触到全部内表面，脏、旧、秃头毛刷需及时更换，以免戳破、划破或沾污仪器。

2. 用合成洗涤剂洗涤

洗涤时先将器皿用水湿润，再用毛刷蘸少许去污粉或洗涤剂，将仪器内外洗刷一遍，然后用水边冲边刷洗，直至干净为止。

3. 用铬酸洗液洗涤

被洗涤器皿尽量保持干燥，倒少许洗液于器皿内，转动器皿，使其内壁被洗液浸润（必要时可用洗液浸泡），然后将洗液倒回原装瓶内以备再用。再用水冲洗器皿内残存的洗液，直至干净为止。热的洗液的去污能力更强。洗液主要用于洗涤被无机物沾污的器皿，它对有机物和油污的去污能力也较强，常用来洗涤一些口小、管细等形状特殊的器皿，如吸管、容量瓶等。洗液具有强酸性、强氧化性和强腐蚀性，使用时要注意以下几点：

（1）洗涤的仪器不宜有水，以免稀释洗液而失效。

（2）洗液可以反复使用，用后倒回原瓶。

（3）洗液的瓶塞要塞紧，以防吸水失效。

（4）洗液不可溅在衣服、皮肤上。

（5）洗液的颜色由原来的深棕色变为绿色，即表示 $K_2Cr_2O_4$ 已还原为 $Cr_2(SO_4)_3$，失去氧化性，洗液失效而不能再用。

4. 用酸性洗液洗涤

（1）粗盐酸可以洗去附在仪器壁上的氧化剂（如 MnO_2）等大多数本溶于水的无机物。因此，在刷子刷洗不到或洗涤不宜用刷子刷洗的仪器，如吸管和容量瓶等情况下，可以用粗盐酸洗涤。灼烧过沉淀物的瓷坩埚可用盐酸（1:1）洗涤。洗涤过的粗盐酸能回收继续使用。

（2）盐酸 - 过氧化氢洗液适用于洗去残留在容器上的 MnO_2，例如过滤 $KMnO_4$ 用的砂芯漏斗可以用此洗液刷洗。

（3）盐酸 - 酒精洗液(1:2)适用于洗涤被有机染料染色的器皿。

（4）硝酸 - 氢氟酸洗液是洗涤玻璃器皿和石英器皿的优良洗涤剂，可以避免杂质金属离子的沾附。其常温下储存于塑料瓶中，洗涤效率高，清洗速度快，但对油脂及有机物的清除效力差。其对皮肤有强腐蚀性，操作时需加倍小心。该洗液对玻璃和石英器皿有腐蚀作用，因此，精密玻璃仪器、标准磨口仪器、活塞、砂芯漏斗、光学玻璃、精密石英部件、比色皿等不宜用这种洗液。

5. 用碱性洗液洗涤

碱性洗液适用于洗涤油脂和有机物。因它的作用较慢，一般要浸泡 24 h 或用浸煮的方法。

1）氢氧化钠 - 高锰酸钾洗液

用此洗液洗过后，器皿上会留下二氧化锰，可再用盐酸洗。

2）氢氧化钠（钾）- 乙醇洗液

此洗液洗涤油脂的效力比洗涤有机溶剂的效力高，但不能与玻璃器皿长期接触。使用碱性洗液时要特别注意，碱液有腐蚀性，不能溅到眼睛上。

6. 超声波清洗

超声波清洗是一种新的清洗方法，其主要是利用超声波在液体中的空化作用。液体在超声波的作用下，液体分子时而受拉，时而受压，形成一个个微小的空腔，即所谓"空化泡"。由于空化泡的内外压力相差悬殊，在空化泡消失时其表面的各类污物就被剥落，从而达到清洗的目的，同时，超声波在液体中又能加速溶解作用和乳化作用，因此超声波清洗质量好、速度快，尤其对于采用一般常规清洗方法难以达到清洁度要求，以及几何形状比较复杂且带有各种小孔、弯孔和盲孔的被洗物件，效果更为显著。市售 CQ – 250 型超声波清洗器对分析实验室的玻璃仪器的清洗效果很好。使用时将被洗件悬挂在处于工作状态的清洗液中，清洗干净即可取出。

1.4.2　洗净的玻璃仪器的干燥和存放

洗净的玻璃仪器可用以下方法干燥和存放：

（1）烘干。洗净的玻璃仪器可放入干燥箱中烘干，放置容器时应注意平放或使容器口朝下。

（2）烤干。烧杯或蒸发皿可置于石棉网上烤干。

（3）晾干。洗净的玻璃仪器可置于干净的实验柜或仪器架上晾干。

（4）用有机溶剂干燥。加一些易挥发的有机溶剂到洗净的容器中，将容器倾斜转动，使器壁上的水和有机溶剂相互溶解、混合，然后倾出有机溶剂，少量残存在器壁上的有机溶剂很快会挥发，从而使容器干燥。如用吹风机或氮气流往仪器内吹风，则干燥得更快。

（5）吹干。用吹风机或氮气流往仪器内吹风，将仪器吹干，这种方法的干燥速度更快。

（6）带有刻度的玻璃仪器不能用加热的方法进行干燥，加热会影响这些玻璃仪器的准确度。

1.5　分析试样的采集、制备及处理

分析化学实验的结果能否为质量控制和科学研究提供可靠的分析数据，关键看所取试样的代表性和分析测定的准确性，这两方面缺一不可。从大量的被测物质中选取能代表整批物质的小样，必须掌握适当的技术，遵守一定的规则，采取合理的采样与制备试样的方法。

1.5.1　试样的采集

在分析实践中，常需测定大量物料中某些组分的平均含量。取样的基本要求是有代表性。

对比较均匀的物料，如气体、液体和固体试剂等，可直接取少量分析试样，不需再进行制备。通常遇到的分析对象，从形态来分，不外气体、液体和固体三类，对于不同的形态和不同的物料，应采取不同的取样方法。

1. 固体试样的采集

固体物料种类繁多，性质和均匀程度差别较大。

组成不均匀的物料：矿石、煤炭、废渣和土壤等；组成相对均匀的物料：谷物、金属材料、化肥、水泥等。

对组成不均匀试样，应按照一定方式选取不同点进行采样，以保证所采试样的代表性。

采样点的选择方法有随机采样法、判断采样法、系统采样法等。

取样份数越多越有代表性，但所耗人力、物力将大大增加，应以满足要求为原则。

组成平均试样采取量与试样的均匀程度、颗粒大小等因素有关。通常,试样量可按切乔特经验公式（Qeqott formula）计算:

$$m \geq Kd^2 \tag{1-1}$$

式中, m 为采取平均试样的最低重量（kg）; d 为试样的最大颗粒直径（mm）; K 为经验常数,可由实验求得,通常 K 值为 $0.05 \sim 1$。

【例】采集矿石样品,若试样的最大直径为 10 mm, $K = 0.2$ kg·mm^{-2},则应采集多少试样?

解: $m \geq Kd^2 = 0.2 \times 10^2 = 20$（kg）

答: 应采集试样 20 kg。

金属(合金)样品采集:

一般金属经过高温熔炼,组成比较均匀,因此,对于片状或丝状试样,剪取一部分即可进行分析。钢锭和铸铁,由于表面和内部的凝固时间不同,铁和杂质的凝固温度也不一样,因此,表面和内部的组成不很均匀。取样时应先清理表面,然后用钢钻在不同部位、不同深度钻取碎屑混合均匀,作为分析试样。

对于那些极硬的样品,如白口铁、硅钢等,因无法钻取,可用铜锤砸碎之,再放入钢钵内捣碎,然后再取其一部分作为分析试样。

2. 液体试样的采集

常见的液体试样包括水、饮料、体液、工业溶剂等。其一般比较均匀,采样单元数可以较少。

（1）对于体积较小的物料,可在搅拌下直接用瓶子或取样管取样。

（2）对于装在大容器里的物料,在贮槽的不同位置和深度取样后混合均匀即可作为分析试样。

（3）对于分装在小容器里的液体物料,应从每个容器里取样,然后混匀作为分析试样:

对于水样,应根据具体情况,采取不同的方法采样:

①采取水管中或有泵水井中的水样时,取样前需将水龙头或泵打开,先放水 10 ~ 15 min,然后再用干净瓶子收集水样;

②采取池、江、河、湖中的水样时,首先根据分析目的及水系的具体情况选择好采样地点,用采样器在不同深度各取一份水样,混合均匀后作为分析试样。

3. 气体试样的采集

常见的气体试样有汽车尾气、工业废气、大气、压缩气体以及气溶物等。需按具体情况,采用相应的方法。

最简单的气体试样采集方法为用泵将气体充入取样容器中,一定时间后将其封好即可。但由于气体储存困难,大多数气体试样采用装有固体吸附剂或过滤器的装置收集。

（1）固体吸附剂用于挥发性气体和半挥发性气体采样;

（2）过滤法用于收集气溶胶中的非挥发性组分。

（3）大气样品的采取,通常选择距地面 50 ~ 180 cm 的高度采样,使其与人的呼吸空气相同。

（4）测定大气污染物时应使空气通过适当吸收剂,由吸收剂吸收浓缩之后再进行分析。

（5）对储存在大容器内的气体,因不同部位的密度和均匀性不同,应在上、中、下等不同处采样混匀。气体试样的化学成分通常较稳定，不需采取特别措施保存。

4. 生物试样的采集

采样时应根据研究和分析需要选取适当部位和生长发育阶段进行，即采样除应注意群体代表性外，还应具有适时性和部位典型性。

1.5.2　试样的制备

制备试样分为破碎、过筛、混匀和缩分四个步骤。

1. 破碎和过筛

大块矿样先用压碎机(如颚氏碎样机、球磨机等)破碎成小的颗粒，再过筛。分析试样一般要求过 100~200 目筛。

2. 混匀和缩分

如果缩分后试样的重量大于按计算公式算得的重量较多，则可连续进行缩分直至所剩试样稍大于或等于最低重量为止。试样缩分采用四分法。缩分的次数不是任意的，每次缩分时，试样的粒度与保留的试样之间都应复合切乔特经验公式，否则应进一步破碎才能缩分。如此反复经过多次破碎和缩分，直至样品的质量减至供分析用的数量为止。然后再进行粉碎、缩分，最后制成 100~300 g 的分析试样，装入瓶中，贴上标签供分析之用。

1.5.3　试样的分解

样品预处理的目的是使样品的状态和浓度适应所选择的分析方法。测定方法的选择，应考虑测定的具体要求、被测组分的性质、被测组分的含量、共存组分的影响。

在一般分析工作中，通常先要将试样分解，制成溶液。

在分解试样时必须注意：

(1) 试样分解必须完全，处理后的溶液中不得残留原试样的细屑或粉末；

(2) 试样分解过程中待测组分不应挥发，也不应引入被测组分和干扰物质。

具体可根据试样的组成和特性、待测组分性质和分析目的选择合适的分解方法。

1. 溶解法

采用适当的溶剂将试样溶解制成溶液，这种方法比较简单、快速。

常用的溶剂有水、酸和碱等。溶于水的试样一般称为可溶性盐类，如硝酸盐、醋酸盐、铵盐、绝大部分碱金属化合物和大部分氯化物、硫酸盐等。对于不溶于水的试样，则采用酸或碱作溶剂的酸溶法或碱溶法进行溶解，以制备分析试液。

(1) 水溶法。可溶性的无机盐直接用水制成试液。

(2) 酸溶法。酸溶法是利用酸的酸性、氧化还原性和形成络合物的作用，使试样溶解。

钢铁、合金、部分氧化物、硫化物、碳酸盐矿物和磷酸盐矿物等常采用此法溶解。常用的酸溶剂有盐酸、硝酸、硫酸、磷酸、高氯酸、氢氟酸、混合酸。

(3) 碱溶法。碱溶法的溶剂主要为 NaOH 和 KOH，碱溶法常用来溶解两性金属铝、锌及其合金，以及它们的氧化物、氢氧化物等。

在测定铝合金中的硅时，用碱溶法使 Si 以 SiO_3^{2-} 的形式转到溶液中。如果用酸溶法则 Si 可能以 SiH_4 的形式挥发损失，从而影响测定结果。

2. 熔融法

（1）酸熔法。碱性试样宜采用酸性熔剂。常用的酸性熔剂有 $K_2S_2O_7$（熔点为 419℃）和 $KHSO_4$（熔点为 219℃），后者经灼烧后亦生成 $K_2S_2O_7$，所以两者的作用是一样的。这类熔剂在 300℃ 以上可与碱或中性氧化物作用，生成可溶性的硫酸盐。如分解金红石的反应是：

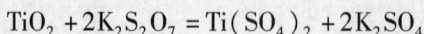

$$TiO_2 + 2K_2S_2O_7 = Ti(SO_4)_2 + 2K_2SO_4$$

这种方法常用于分解 Al_2O_3、Cr_2O_3、Fe_3O_4、ZrO_2、钛铁矿、铬矿、中性耐火材料（如铝砂、高铝砖）及磁性耐火材料（如镁砂、镁砖）等。

（2）碱熔法。酸性试样宜采用碱熔法，如酸性矿渣、酸性炉渣和酸不溶试样均可采用碱熔法，以使它们转化为易溶于酸的氧化物或碳酸盐。

常用的碱性熔剂有 Na_2CO_3（熔点为 853℃）、K_2CO_3（熔点为 891℃）、NaOH（熔点为 318℃）、Na_2O_2（熔点为 460℃）和它们的混合熔剂等。这些溶剂除具有碱性外，在高温下均可起氧化作用（本身的氧化性或空气氧化），可以把一些元素氧化成高价（Cr^{3+}、Mn^{2+} 可以被氧化成 Cr^{6+}、Mn^{7+}），从而增强试样的分解作用。有时为了增强氧化作用还加入 KNO_3 或 $KClO_3$，以使氧化作用更为完全。

①Na_2CO_3 或 K_2CO_3。

其常用来分解硅酸盐和硫酸盐等。分解反应如下：

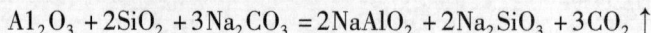

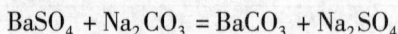

$$Al_2O_3 + 2SiO_2 + 3Na_2CO_3 = 2NaAlO_2 + 2Na_2SiO_3 + 3CO_2 \uparrow$$
$$BaSO_4 + Na_2CO_3 = BaCO_3 + Na_2SO_4$$

②Na_2O_2。

其常用来分解含硒、锑、铬、钼、钒和锡的矿石及其合金。Na_2O_2 是强氧化剂，能把其中大部分元素氧化成高价状态。例如铬铁矿的分解反应为：

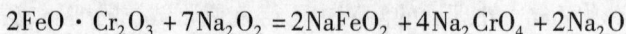

$$2FeO \cdot Cr_2O_3 + 7Na_2O_2 = 2NaFeO_2 + 4Na_2CrO_4 + 2Na_2O$$

熔块用水处理，溶出 Na_2CrO_4，同时 $NaFeO_2$ 水解生成 $Fe(OH)_3$ 沉淀：

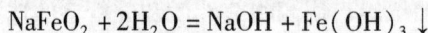

$$NaFeO_2 + 2H_2O = NaOH + Fe(OH)_3 \downarrow$$

然后利用 Na_2CrO_4 溶液和 $Fe(OH)_3$ 沉淀分别测定铬和铁的含量。

③NaOH（KOH）。

其常用来分解硅酸盐、磷酸盐矿物、钼矿和耐火材料等。

3. 半熔融法（烧结法）

此法是将试样与熔剂混合，小心加热至熔块（半熔物收缩成整块），而不是全熔，故称为半熔融法，又称为烧结法。

常用的半熔混合熔剂为：2 份 MgO + 3 Na_2CO_3；1 份 MgO + Na_2CO_3；1 份 ZnO + Na_2CO_3。

此法广泛地用来分解铁矿及煤中的硫。其中 MgO、ZnO 的作用在于其熔点高，可以预防 Na_2CO_3 在灼烧时熔合，保持松散状态，使矿石氧化得更快、更完全，使产生的气体更容易逸出。此法不易损坏坩埚，因此可以在瓷坩埚中进行熔融，不需要贵重器皿。

4. 干式灰化法

将试样置于马弗炉中加热（400℃～1 200℃），以大气中的氧作为氧化剂使之分解，然后加入少量浓盐酸或浓硝酸浸取燃烧后的无机残余物。

5. 湿式消化法

用硝酸和硫酸的混合物与试样一起置于烧瓶内，在一定温度下进行煮解，其中硝酸能破坏大部分有机物。在煮解的过程中，硝酸逐渐挥发，最后剩余硫酸。继续加热使之产生浓厚的 SO_3 白烟，并在烧瓶内回流，直到溶液变得透明为止。

6. 微波辅助消解法

微波辅助消解法是利用试样和适当的溶（熔）剂吸收微波能产生的热量加热试样，同时微波产生的交变磁场使介质分子极化，极化分子在高频磁场交替排列，导致分子高速振荡，使分子获得较高的能量。这种方法溶（熔）解迅速，加热效率高。

微波辅助消解法既可用于有机和生物样品的氧化分解，也可用于难溶无机材料的分解。

在试样分解过程中，应考虑误差的来源，尽量消除误差。

第二章
电化学分析实验

电化学分析法主要有电位分析法、库仑分析法和伏安分析法与极谱分析法等。电位分析法包括电位测定法和电位滴定法。电位测定法是利用专用电极将被测离子的活度转化为电极电位后加以测定，如用玻璃电极测定溶液中的氢离子活度、用氟离子选择性电极测定溶液中的氟离子活度。电位滴定法是利用指示电极电位的突跃来指示滴定终点。两种方法的区别在于：电位测定法只测定溶液中已经存在的自由离子，不破坏溶液中的平衡关系；电位滴定法测定的是被测离子的总浓度。电位滴定法可直接用于有色和混浊溶液的滴定。在酸碱滴定中，它可以滴定不适于用指示剂的弱酸。它能滴定 K 小于 5×10^{-9} 的弱酸。沉淀和氧化还原滴定因缺少指示剂，其应用更为广泛。电位滴定法可以进行连续滴和自动滴定。

2.1 电位分析法

用一个指示电极和一个参比电极，或者采用两个指示电极，与试液组成电池，然后根据电池的电动势的变化或指示电极电位的变化进行分析的方法，称为电位分析法。

电位分析法的依据是能斯特方程［式(2-1)］：

$$\varphi = \varphi^{\theta} + \frac{RT}{nF} \ln \frac{\alpha_{Ox}}{\alpha_{Red}} \qquad (2-1)$$

式中，φ 为电极电位(V)；φ^{θ} 为标准电极电位(V)；α_{Ox} 为氧化态的活度($mol \cdot L^{-1}$)；α_{Red} 为还原态的活度($mol \cdot L^{-1}$)；n 为电极反应转移的电荷数；F 为法拉第常数，$F = 96\,487\ C \cdot mol^{-1}$；$R$ 为气体常数，$R = 8.314\ J \cdot mol^{-1} \cdot K^{-1}$；$T$ 为据对温度(K)。

25℃时，式(2-1)则为式(2-2)：

$$\varphi = \varphi^{\theta} + \frac{0.059}{n} \log \frac{\alpha_{Ox}}{\alpha_{Red}} \qquad (2-2)$$

它给出了电极电位与溶液中对应离子活度的简单关系。

对于氧化还原体系，应用该公式，通过测定一个可逆电池的电位来确定溶液中某组分的离子活度或浓度的方法就是电位测定法。

电位分析法包括电位测定法和电位滴定法。

电位测定法是选用适当的指示电极浸入被测试液，测量其相对于参比电极的电位，再由能斯特方程直接求得待测物质的浓度(活度)。

电位滴定法是向试液中滴加能与被测物发生化学反应的已知浓度的试液，根据滴定过程中某个电极电位的突变来确定滴定终点，再根据滴定剂的体积和浓度来计算待测物的含量。

电位分析法中通常有两种电极：指示电极和参比电极。电极电位随分析物质活度变化的电极，称为指示电极。分析中与被测物质活度无关，电位比较稳定，提供测量电位参考的电极，称为参比电极。常用的指示电极有金属指示电极和pH玻璃电极。常用的参比电极有甘汞电极和银－氯化银电极。

2.2　库仑分析法

库仑分析法是根据电解过程中消耗的电量，由法拉第定律来确定被测物质含量的方法。库仑分析法分为恒电流库仑分析法和控制电位库仑分析法两种。在电解过程中，电极上发生的电化学反应与溶液中通过电量的关系可用法拉第定律表示[式（2-3）]：

$$m = \frac{MQ}{96\,487n} = \frac{M}{n} \cdot \frac{it}{96\,487} \qquad (2-3)$$

式中，Q为通过电解池的电量(C)；n为电极反应中转移的电子数；F为法拉第常数；M为其摩尔质量($g \cdot mol^{-1}$)；m为析出物质的质量(g)；i为电解时的电流强度(A)；t为电解时间(s)。

法拉第定律有两层含义：

（1）电极上发生反应的物质的量与通过体系的电量成正比。

（2）通过相同量的电量时，电极上沉积的各物质的质量与M/n成正比。

库仑分析法基于电量的测量，因此，通过电解池的电流必须全部用于电解被测物质，不应当发生副反应和漏电现象，即保证电流效率为100%，这是库仑分析法的关键。

控制电位库仑分析法是直接根据被测物质在电解过程中所消耗的电量来求其含量的方法。其基本装置与控制电位电解法相似，电路中串联有库仑计。电解池中除工作电极和对电极外，尚有参比电极，它们共同组成电位测量与控制系统。

在电解过程中，控制工作电极电位保持恒定值，使被测物质以100%的电流效率进行电解，当电解电流趋近零时，指示该物质已被完全电解。如果用与之串联的库仑计精确测量使该物质被完全电解时所需的电量，即可由法拉第定律计算其含量。在电解池装置的电解电路中串入一个能精确测量电量的库仑计，如图2-1所示。

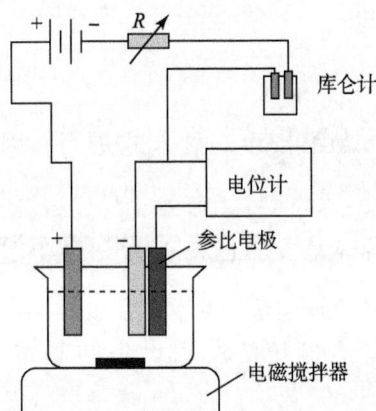

图2-1　控制电位库仑分析法装置示意

在控制电位库仑分析法中，电流随时间而变化，并为时间的复杂函数，所以电解过程中消耗的电量不能简单地根据电流与时间的乘积来计算，而要采用库仑计或电流－时间积分仪进行测量。

2.2.1　控制电位库仑分析法的特点及应用

控制电位库仑分析法的特点：

（1）不需要使用基准物质和标准溶液，准确度高。因为它是根据电量的测量来计算分析结果的，而电量的测量可以达到很高的精度，所以准确度高。

（2）灵敏度高。它能测定 μg 级的物质，如果校正空白值，并使用高精度的仪器，甚至可测定 0.01 μg 级的物质。

控制电位库仑分析法具有准确、灵敏、选择性高等优点，特别适用于混合物质的测定，因而得到了广泛的应用。它可用于 50 多种元素及其化合物的测定。其中包括氢、氧、卤素等非金属，钠、钙、镁、铜、银、金、铂族等金属以及稀土和钢系元素等。

它在有机和生化物质的合成和分析方面的应用也很广泛，涉及的有机化合物达 50 多种。例如，三氯乙酸的测定、血清中尿酸的测定，以及在多肽合成和加氢二聚作用等的应用。

控制电位库仑分析法也是研究电极过程、反应机理等方面的有效方法。测定电极反应的电子数时不需要事先知道电极面积和扩散系数。

2.2.2　恒电流库仑分析法的基本原理

从理论上讲，恒电流库仑分析法可以按两种方式进行。

1）直接法

直接法以恒定电流进行电解，被测定物质直接在电极上起反应，测量电解完全时所消耗的时间，再由法拉第定律计算分析结果。

2）间接法（库仑滴定法）

在试液中加入适当的辅助剂后，以一定强度的恒定电流进行电解，由电极反应产生一种“滴定剂”。该滴定剂与被测物质发生定量反应。当被测物质作用完后，用适当的方法指示终点并立即停止电解。由电解进行的时间 $t(s)$ 及电流强度 $i(A)$，可按法拉第定律计算被测物的量：

$$m = \frac{itM_s}{96\,487} \tag{2-4}$$

一般都按第二种方式进行，因为第一种方式很难保证电极反应专一和电流效率为 100%。

2.2.3　库仑滴定法的基本装置

库仑滴定法的基本装置如图 2-2 所示。

库仑滴定法所用设备的基本组成如下：

（1）直流恒电流源及电流测量装置：①直流稳流器，有商品出售，电流可直接读出；②45～90 V 乙型电池，此时可通过测量标准电阻 R 两端的电压降 V_R 而求得。

（2）计时器：①电停表；②秒表。

（3）库仑池：

①工作电极：电解产生滴定剂的电极，直接浸在加有滴定剂的溶液中。

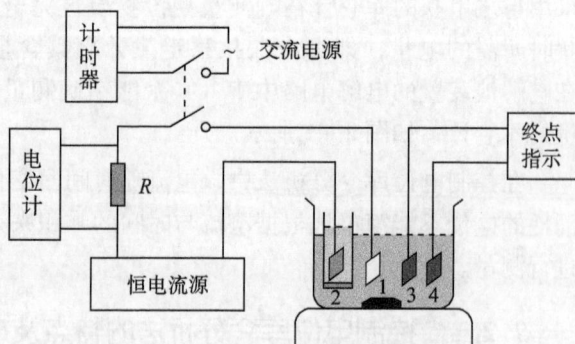

图 2-2　库仑滴定法的基本装置示意

1—工作电极；2—辅助电极；3，4——指示电极

②对电极：浸在另一种电解质溶液中，并用隔膜隔开，以防止电极上发生的电极反应干扰测定。

（4）指示终点：

①化学指示剂法。

普通容量分析中所用的化学指示剂，均可用于库仑滴定法中。例如，在肼的测定中，电解液中有肼和大量 KBr，加入钼为指示剂，电极反应为：

Pt 阴极　　　　　$2H^+ + 2e \Longrightarrow H_2$

Pt 阳极　　　　　$2Br^- \Longrightarrow Br_2 + 2e$

电极上产生的 Br_2 与溶液中的肼起反应：

$$NH_2 - NH_2 + 2Br_2 \Longrightarrow N_2 + 4HBr$$

过量的 Br_2 使指示剂退色，指示终点，停止电解。

②电位法。

利用库仑滴定法测定溶液中酸的浓度时，用玻璃电极和甘汞电极为检测终点电极，用 pH 计指示终点。此时以铂电极为工作电极，以银阳极为辅助电极。电极上的反应为：

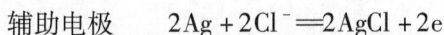

工作电极　　　　　$2H^+ + 2e \Longrightarrow H_2$

辅助电极　　　　　$2Ag + 2Cl^- \Longrightarrow 2AgCl + 2e$

工作电极发生的反应使溶液中 OH^- 产生了富余，作为滴定剂，其使溶液中的酸度发生变化，用 pH 计上 pH 的突跃指示终点。

③永停法（又称双铂恒电流指示法）。

其通常是在指示终点用的两只铂电极上加一个小的恒电压，当达到终点时，由于试液中存在一对可逆电对（或原来一对可逆电对消失），此时铂指示电极的电流迅速发生变化，表示终点到达。

2.3　伏安分析法

伏安分析法是一种特殊的电解方法。其以小面积、易极化的电极为工作电极，以大面积、不易极化的电极为参比电极组成电解池，电解被分析物质的稀溶液，由所测得的电流 – 电压特性曲线来进行定性和定量分析。以滴汞为工作电极的伏安分析法，称为极谱法，它是伏安分析法的特例。

伏安分析法的工作电极如下：

（1）汞电极：挤压式悬汞电极、挂吊式悬汞电极、汞膜电极（以石墨电极为基质，在其表面镀上一层汞得到）。

（2）其他固体电极：玻碳电极、铂电极和金电极等。

汞电极不适合在较正电位下工作，而固体电极则可以。

2.3.1　基本原理

伏安分析法包含电解富集和电解溶出两个过程。首先是电解富集过程。它是将工作电极固定在产生极限电流电位进行电解，使被测物质富集在电极上。为了提高富集效果，可同时使电极旋转或搅拌溶液，以加快被测物质输送到电极表面。富集物质的量则与电极电位、电极面积、电解时间和搅拌速度等因素有关。

2.3.2 基本过程

（1）预电解。其目的是富集。在一定底液和搅拌条件下，进行恒电位电解，使被分析物富集于工作电极上。富集物质的量与电极电位、电极面积、电解时间和搅拌速度等因素有关。

预电解电位在理论上应比该条件下的半波电位负 $0.2/n$ V；在实际上应比该条件下的半波电位负 $0.2 \sim 0.5$ V。

预电解时间因电极的种类和被分析物浓度的不同而不同。一般来说，对一定的电极而言，被分析物的浓度越低，预电解时间越长。对于悬汞电极，当浓度为 10^{-6} mol·L^{-1} 时，需要 5 min；当浓度为 10^{-9} mol·L^{-1} 时，需要 60 min。

（2）休止期。其目的是使电极上的电解沉积物均匀分布。减小电解电流或停止搅拌一定时间，一般为 $3 \sim 4$ min。

（3）溶出。其目的是产生溶出伏安曲线。溶出过程的电位变化方向与预电解过程相反；对于阳极溶出来说，工作电极电位逐渐变正；对于阴极溶出来说，工作电极电位逐渐变负。

2.3.3 分类

根据分析过程中电极性质的变化，伏安分析法分为阳极溶出伏安法和阴极溶出伏安法。

（1）阳极溶出伏安法：富集时工作电极为阴极，溶出时工作电极为阳极的伏安分析法称为阳极溶出伏安法（多用于金属离子的测定）。

（2）阴极溶出伏安法：富集时工作电极为阳极，溶出时工作电极为阴极的伏安分析法称为阴极溶出伏安法（多用于卤素、硫等阴离子的测定）。

1. 阳极溶出伏安法

待测离子在阴极上预电解富集，溶出时发生氧化反应而重新溶出，产生如下反应：

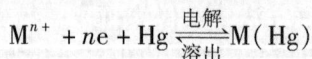

$$M^{n+} + ne + Hg \underset{溶出}{\overset{电解}{\rightleftharpoons}} M(Hg)$$

溶出时，工作电极上发生的是氧化反应，这称为阳极溶出伏安法。

在测定条件一定时，峰电流与待测物浓度成正比：

$$i_p \infty c_0 \quad i_p = -Kc_0 \tag{2-5}$$

2. 阴极溶出伏安法

溶出时工作电极上发生的是还原反应，这称为阴极溶出伏安法。

例如：用阴极溶出伏安法测溶液中 S^{2-} 的含量。

以 0.1 mol·L^{-1} NaOH 溶液为底液，于 -0.4 V 电解一定时间，悬汞电极上便形成难溶性的 HgS：

$$Hg + S^{2-} = HgS + 2e$$

溶出时，悬汞电极的电位由正向负方向扫描，当达到 HgS 的还原电位时，由于下列还原反应，得到阴极溶出峰：

$$HgS + 2e = Hg + S^{2-} \qquad （还原反应）$$

阴极溶出伏安法可用于测定一些阴离子,如 Cl^-、Br^-、I^-、S^{2-}、$C_2O_4^{2-}$ 等。

2.3.4　影响溶出峰电流的因素

1. 富集过程

富集过程是通过化学计量或非化学计量将被测物电积在阴极上。

化学计量是将被测物完全电积在阴极上。化学计量的特点是精确性好、时间长。

非化学计量是将 2% ~3% 被测物电积在阴极上,即在搅拌下,电解富集一定时间。非化学计量是常用的方法。

2. 溶出过程

在溶出过程中,扫描电压变化速率保持恒定。

2.3.5　操作条件的选择

1. 预电解电位

预电解电位比半波电位负 0.2 ~0.5 V,也可实验确定。

2. 预电解时间

预电解时间长可增加灵敏度,但会导致线性关系差。

3. 除氧

可通 N_2 或加入 Na_2SO_3 来除氧。

伏安分析法的优点、测定范围、检测限如下:

伏安分析法有很高的灵敏度,这主要是由于经过长时间的预电解,将被测物质富集浓缩。

阳极溶出法的测定范围为 10^{-6} ~ 10^{-11} mol·L^{-1},同时有较好的精度,检出限可达 10^{-12} mol·L^{-1},它能同时测定几种含量在 ppb 甚至 ppt 级范围内的元素,而不需要特别贵重的仪器。

周期表中已有 31 种元素能进行阳极溶出,有 15 种元素能进行阴极溶出,有 7 种元素能进行阳极和阴极溶出。

2.4　电位分析中的电极

电位分析中通常有两种电极。电极电位随分析物活度变化的电极,称为指示电极(indicator electrode)。指示电极用来指示被测试液中某种离子的活度或浓度,是发生所需电化学反应或激发信号的电极。分析中与被测物的活度无关,电位比较稳定,提供电位参考的电极,称为参比电极(reference electrode)。恒温下,参比电极的电位不随溶液中被测离子活度的变化而变化,它是具有基本恒定电位值的电极。

2.4.1　指示电极

(1) 第一类电极:金属与该金属离子溶液组成的电极,一个相界面(主要用于沉淀滴定和作指示电极),如:

$$Ag \mid Ag^+(c)$$

(2) 第二类电极：金属与该金属的难溶盐和该难溶盐的阴离子组成的电极，两个相界面(常用作参比电极)，如：

$$Hg \mid Hg_2Cl_2, \ Cl^-(c)$$

(3) 第三类电极：汞电极，指由金属与两种具有相同阴离子的难溶盐(或稳定的配离子)以及含有第二种难溶盐(或稳定的配离子)的阳离子达平衡状态时的体系所组成，如：

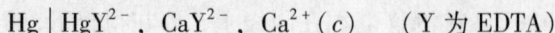

$$Hg \mid HgY^{2-}, \ CaY^{2-}, \ Ca^{2+}(c) \qquad (Y \ 为 \ EDTA)$$

(4) 零类电极：也叫惰性金属电极，由一种惰性金属如 Pt 与含有可溶性的氧化态和还原态物质的溶液组成，如：

$$Pt \mid Fe^{3+}, \ Fe^{2+}(c)$$

(5) 膜电极：离子选择性电极，也是最重要的一类电极，是一种化学传感器。离子选择性电极的种类很多，1975 年国际纯粹化学与应用化学协会，根据离子选择性电极大多是膜电极这个特点，依膜的特征，推荐将离子选择性电极分为原电极和敏化电极。

①原电极。

这类电极包括晶体(膜)电极、非晶体(膜)电极和活性载体电极。晶体电极又分为均相膜电极和非均相膜电极(例如：以 LaF_3 为敏感膜的 F^- 离子选择性电极；以 Ag_2S 为敏感膜的 S^{2-} 选择性电极；以 AgX 为敏感膜的 X^- 离子选择性电极等)；非晶体(膜)电极又称硬质电极(如钠玻璃电极)；活性载体电极则是以浸有某种液体离子交换剂的惰性多孔膜作为电极膜的一类电极，所以又称为液膜电极(如 Ca^{2+} 选择性电极)。

离子选择性电极对某一特定离子的测定，一般是基于内部溶液与外部溶液之间的电位差(膜电位)进行的。虽然膜电位的形成机制较为复杂，但有关研究已证明：膜电位的形成主要是溶液中的离子与电极膜上的离子之间发生交换作用的结果。现以玻璃电极的膜电位的建立为例进行说明。

实践证明，一根玻璃电极的玻璃膜，其表面必须经过水合才能显示 pH 电极的作用，玻璃膜未吸湿的玻璃电极不显示 pH 功能。所以，一根新购进的玻璃电极，在使用前需在蒸馏水中浸泡若干小时后才可用于实际测定。

玻璃电极的玻璃膜浸入水溶液中时，即形成一层很薄($10^{-4} \sim 10^{-5}$ mm)的溶胀的硅酸层(水化层)，其中 Si 与 O 构成的骨架是带负电荷的，与此抗衡的离子是碱金属离子 M^+(如 Na^+)，如图 2-3 所示。

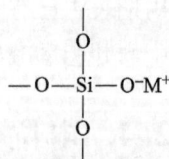

$$-O-\overset{\displaystyle |}{\underset{\displaystyle |}{Si}}-O-M^+$$
$$\overset{|}{O}$$

图 2-3 水化层示意

当玻璃膜与水溶液接触时，由于硅酸结构与 H^+ 结合的键的强度远大于 M^+，所以，M^+ 为 H^+ 所交换，这样，膜表面的点位几乎全被 H^+ 所占据而形成 SiO^-H^+。膜内表面与内部溶液接触时，同样形成水化层：

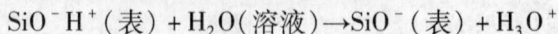

$$SiO^-H^+(表) + H_2O(溶液) \rightarrow SiO^-(表) + H_3O^+$$

当内部溶液与外部溶液的 pH 值不同时，则其会影响上述离解平衡，使得内、外膜表面的固-液界面上电荷分布不同，这样跨越玻璃膜就产生了膜电位。

当将浸泡后的电极浸入试液时，膜外层的水化层与试液接触，由于溶液中 H^+ 的活度不同，因此上述离解平衡发生移动，从而使电极膜的电位差 $\Delta\varphi_M$ 发生改变，这种变化与溶液中 H^+ 的活度有关，如图 2-4 所示。

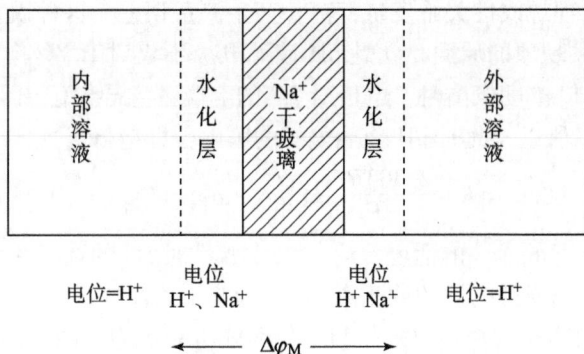

图 2-4　电极-溶液体系示意

若膜的内、外侧水化层与溶液间的界面电位分别是 $\varphi_{内}$、$\varphi_{试}$，膜两边溶液的 H^+ 活度为 $\alpha_{H^+,内}$、$\alpha_{H^+,试}$；若两水化层中的 H^+ 活度分别为 $\alpha'_{H^+,内}$ 及 $\alpha'_{H^+,试}$，则存在式(2-6)：

$$\Delta\varphi_M = \varphi_{试} - \varphi_{内} \tag{2-6}$$

根据热力学观点，界面电位与活度有式(2-7)和式(2-8)：

$$\varphi_{试} = K_1 + \frac{RT}{F}\ln\frac{\alpha_{H^+,试}}{\alpha'_{H^+,试}} \tag{2-7}$$

$$\varphi_{内} = K_1 + \frac{RT}{F}\ln\frac{\alpha_{H^+,内}}{\alpha'_{H^+,内}} \tag{2-8}$$

为了讨论方便，现假设两水化层完全对称，则 $K_1 = K_2$，$\alpha'_{H^+,试} = \alpha'_{H^+,内}$，两水化层中扩散电位大小相等，符号相反，则有式(2-9)存在：

$$\begin{aligned}
\Delta\varphi_M &= \varphi_{试} - \varphi_{内} \\
&= \frac{RT}{F}\ln\frac{\alpha_{H^+,试}}{\alpha_{H^+,内}} \\
&= K + \frac{2.303RT}{F}\lg\alpha_{H^+,试}
\end{aligned} \tag{2-9}$$

由此可见，在一定的温度下，玻璃电极的膜电位与溶液的 pH 值呈线性关系。

依此类推，各种离子选择性电位的膜电位，在一定条件下遵从能斯特方程，对阳离子有响应的电极的膜电位见式(2-10)：

$$\Delta\varphi_M = K + \frac{2.303RT}{F}\lg\alpha_{阳离子} \tag{2-10}$$

而对阴离子有响应的电极的膜电位则见式(2-11)：

$$\Delta\varphi_M = K - \frac{2.303RT}{F}\lg\alpha_{阴离子} \tag{2-11}$$

所以，离子选择性电极的基础就是：在一定条件下，膜电位与溶液中欲测离子的活度的对数呈线性关系。

理想的离子选择性电极应仅对某一特定的离子有电位响应。但实际上，每一种离子选择性电极对于与这种特定离子共存的其他离子都有不同程度的响应，即在不同程度上，一些共存离子对离子选择性电极的膜电位会产生一定的影响。例如，pH 玻璃电极，在测定溶液的 pH 值时，若 pH > 9，则玻璃电极就会对溶液中的碱金属离子(如 Na^+)产生一定的响应，使得其膜电位与 pH 值的理想线性关系发生偏离，产生测量误差，这种误差称为"钠误差"或"碱性误差"。产生这种现象的原因，就是 pH 玻璃电极不仅对 H^+ 有响应，且在一定条件下对 Na^+ 也有响应。当 H^+ 浓度较高时，电极对 H^+ 的响应占主导，但当 H^+ 浓度较低时，Na^+ 存在的影响就显著了。所以，此时 pH 玻璃电极的膜电位即应修为式（2 – 12）：

$$\Delta\varphi_M = K + \frac{2.303RT}{nF}\lg(\alpha_{H^+} + \alpha_{Na^+} \cdot K_{H^+,Na^+}) \tag{2 – 12}$$

式中，α_{Na^+} 为溶液中共存的 Na^+ 的活度；K_{H^+,Na^+} 为 Na^+ 对 H^+ 的选择性系数。

若设 i 为某离子的选择性电极的欲测离子，j 为与 i 共存的干扰离子，n_i 与 n_j 分别为两种离子的电荷，则一般离子选择性电极的膜电位通式可表示为式（2 – 13）：

$$\Delta\varphi_M = K \pm \frac{2.303RT}{nF}\lg\left[\alpha_i + K_{i,j} \cdot (\alpha_j)^{n_i/n_j}\right] \tag{2 – 13}$$

$K_{i,j}$ 可理解为：在其他条件相同时提供相同电位的 i 与 j 的活度比，即式（2 – 14）：

$$K_{i,j} = \frac{\alpha_i}{(\alpha_j)^{n_i/n_j}} \tag{2 – 14}$$

若 $n_i = n_j = 1$，设 $K_{i,j} = 10^{-2}$，则 $\alpha_i = 0.01\alpha_j$，$\alpha_j = 100\alpha_i$。也就是说，当 α_j 100 倍于 α_i 时，j 离子所提供的电位才等于 i 离子所提供的电位，亦即只有在 $\alpha_j = 100\alpha_i$ 的条件下，j 离子的存在才能对 i 离子的电位测定产生影响（因为该电极对 i 离子的敏感度为对 j 离子的 100 倍）。但当 $K_{i,j} = 100$ 时，与 i 离子比较，j 离子是主响应离子，所以，$K_{i,j}$ 越小越好。

显然，$K_{i,j}$ 的大小说明了 j 离子对 i 离子的干扰程度，$K_{i,j}$ 越小，离子选择性电极对待测离子的选择性就越高。不过，$K_{i,j}$ 的大小与离子活度和实验条件及测定方法等有关，因此不能将 $K_{i,j}$ 的文献数据作为分析测定时的干扰校正。

pH 玻璃电极如图 2 – 5 所示。其由玻璃支杆，以及由特殊成分组成的对氢离子敏感的玻璃膜组成。玻璃膜一般呈球泡状，球泡内充入内参比溶液，插入内参比电极（一般用 Ag – AgCl 电极），用电极帽封接引出电线，装上插口，就成为一支 pH 玻璃电极。

其特点是响应快、重现性好。

②敏化电极。

此类电极又分为气敏电极和酶电极。前者是以微多孔性气体渗透膜为电极膜来测定溶液中气体含量的选择性电极，所以又称为气体传感器；后者是在相应的感应膜上涂渍生物酶，并通过酶的催化作用，使待测物生成能在电极上产生响应信号的化合物或离子，从而间接地测定待测物的含量。

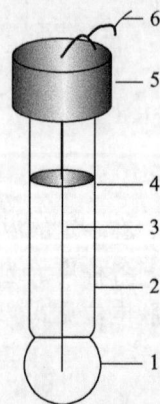

图 2 – 5 pH 玻璃电极示意
1—玻璃膜；2—内充液；3—Ag – AgCl 电极；
4—玻璃电极杆；5—绝缘帽；6—导线

2.4.2 参比电极

在测量电极电位时参比电极提供电位标准，它的电位应始终保持不变。常用的参比电极是甘汞电极（见图 2 – 6）、Ag – AgCl 电极和饱和硫酸亚汞电极，特别是饱和甘汞电极。

对参比电极的基本要求如下：

（1）电位恒定，可逆性好；

（2）重现性好，温度系数小，电流密度小，两只电极电位差小；

（3）稳定性好；

（4）操作简单。

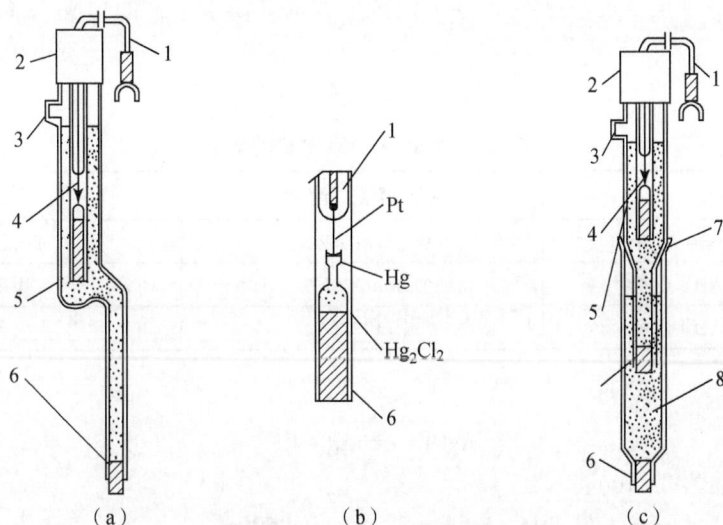

图 2 - 6　甘汞电极内部示意

（a）单盐桥型；（b）电极内部结构；（c）双盐桥型

1—导线；2—绝缘帽；3—加液口；4—内电极；5—饱和 KCl 溶液；

6—多孔性物质；7—可卸盐桥磨口套管；8—盐桥内充

1. 甘汞电极

电极反应：$Hg_2Cl_2 + 2e = 2Hg + 2Cl^-$

半电池符号：

SCE：$Hg \mid Hg_2Cl_2(s)$，$KCl(饱和)$

由上式可以看出，当温度一定时甘汞电极的电位主要取决于 α_{Cl^-}。当 α_{Cl^-} 一定时，其电极电位是个定值。不同浓度的 KCl 溶液，使甘汞电极的电位具有不同的恒定值，见表 2 - 1。

表 2 - 1　甘汞电极的电位

名　称	KCl 溶液的浓度	电极电位/V
$0.1mol \cdot L^{-1}$甘汞电极	$0.1mol \cdot L^{-1}$	+0.336 5
标准甘汞电极（NCE）	$1.0mol \cdot L^{-1}$	+0.282 8
饱和甘汞电极（SCE）	饱和溶液	+0.241 5

由于饱和 KCl 溶液的浓度随温度而变化，饱和甘汞电极（SCE）的电极电位与温度有关，见式（2 - 15）：

$$\varphi = 0.241\ 5 - 7.6 \times 10^{-4}(t - 25) \tag{2 - 15}$$

饱和甘汞电极是常用的参比电极。甘汞电极容易制作,但是不能在80℃以上的环境中使用。类似的还有饱和硫酸亚汞电极。

2. Ag – AgCl 电极

25℃时,不同浓度 KCl 溶液的 Ag – AgCl 电极的电位值见表 2 – 2。Ag – AgCl 电极示意如图 2 – 7 所示。

在 Ag 丝上镀一层 AgCl,将之浸在一定浓度的 KCl 溶液中,即构成 Ag – AgCl 电极,可以写作:

$$Ag \mid AgCl \text{(固)}, Cl^-$$

表 2 – 2　Ag – AgCl 电极的电位

名称	KCl 溶液的浓度	电极电位/V
0.1 mol·L^{-1} Ag – AgCl 电极	0.1 mol·L^{-1}	+0.288 0
标准 Ag – AgCl 电极	1.0 mol·L^{-1}	+0.222 3
饱和 Ag – AgCl 电极	饱和溶液	+0.200 0

电极反应为:

$$AgCl + e \rightleftharpoons Ag + Cl^-$$

电极电位见式(2 – 16):

$$\varphi_{AgCl/Ag} = \varphi^{\ominus}_{AgCl/Ag} - 0.059 \lg \alpha_{Cl^-} \tag{2 – 16}$$

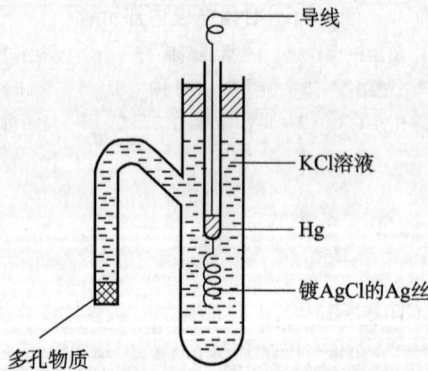

图 2 – 7　Ag – AgCl 电极示意

Ag – AgCl 电极的特点如下:

AgCl 在电化学中非常重要的应用是制作 Ag – AgCl 参比电极。这种电极不会被极性化,因此可以提供精确的数据。由于实验室中越来越少使用汞,因此 Ag – AgCl 电极的应用越来越多。它也常作为各种离子选择性电极的内参比电极。在高达 275℃ 的温度下,其仍足够稳定,固可在高温下使用。

3. 饱和硫酸亚汞电极

饱和硫酸亚汞电极由汞、Hg_2SO_4、饱和 K_2SO_4 组成。其原理、结构和制造方法与饱和甘汞电极相似。在 25℃ 时,其电极电位是 0.620 V。当被分析的溶液中不存在 Cl^- 时,可采用此电极作为参比电极。

2.5　上海雷磁 PHS – 3B 型 pH 计的使用

2.5.1　仪器的工作原理

该仪器(见图 2 – 8)使用的 E201 型复合电极是由 pH 玻璃电极和 Ag – AgCl 电极组成的，pH 玻璃电极作为测量电极，Ag – AgCl 电极作为参比电极。当溶液中的 H^+ 离子浓度发生变化时，pH 玻璃电极和 Ag – AgCl 电极之间的电动势也随之变化，电动势的变化关系符合下列公式：

$$\Delta E = 59.16 \cdot \frac{273 + t}{298} \cdot \Delta pH \tag{2 – 17}$$

式中，ΔE 为电动势的变化量(mV)；ΔpH 为溶液 pH 值的变化量；t 为被测溶液的温度(℃)。可见，复合电动势的变化正比于溶液 pH 值的变化。仪器经标准缓冲溶液校准后即可测得 pH 值。

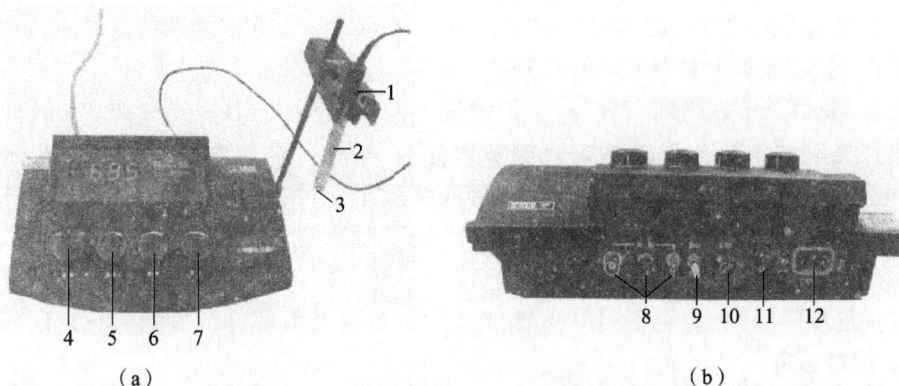

图 2 – 8　PHS – 3B 型 pH 计面板示意
(a) 正面；(b) 反面
1—电极架；2—复合电极；3—电极套；4—"选择"开关旋钮；5—温度调节旋钮；
6—斜率调节旋钮；7—定位调节旋钮；8—电极及温度传感插座；9—温度自动与手动补偿开关；
10—保险丝；11—电源开关；12—电源插座

2.5.2　操作步骤

1. 测试前的准备
(1) 开机前的准备：将电极梗旋入电极梗插座，调节电极夹到适当位置。
(2) 开机后的准备：将电源线插入电源插座，按下电源开关，电源接通后，预热 30 min。

2. 测试过程
1) 仪器校正
自动温度补偿与手动温度补偿的使用方法如下：
(1) 使用自动温度补偿的方法：插入温度传感器后，只要将仪器后面板温度补偿转换开关置于自动位置，该仪器便可进入 pH 自动补偿状态，此时手动温度补偿不起作用。此时将"选择"开关拨至"℃"挡，数字显示值即温度传感器所测量的温度值。

（2）使用手动温度补偿的方法：将温度传感器拔去，将后面板温度补偿转换开关置于手动位置。将仪器的"选择"开关拨至"℃"挡，调节温度选择旋钮，使数字显示值与溶液温度计显示值相同。仪器同样将该温度信号传入 $pH-t$ 混合电路进行运算，从而达到手动温度补偿的目的。

2）标定

使用仪器前，要先标定。一般来说，连续使用仪器时，一天标定一次。

（1）在测量电极插座处拔去 Q9 短路插头，然后插上复合电极及温度传感器。将复合电极和温度传感器夹在电极夹上，拉下电极前端的电极套，并露出复合电极上端小孔，以保持电极内 KCl 溶液的液压差。用去离子水清洗电极，用吸水纸吸干或用被测液清洗一次。

（2）如不用复合电极，则在测量电极插座上，换上电极转化器插头，将玻璃电极插入转化器插座处，将参比电极接入参比电极接口处。使用前检查玻璃电极前端的球泡。在正常情况下，电极应该透明而无裂纹；球泡内要充满溶液，不能有气泡存在。

（3）先测量溶液温度，此时将"选择"开关拨至"℃"挡，数字显示值即温度传感器所测量的温度值。把斜率调节旋钮顺时针旋到底（即调到"100%"位置）。

（4）将"选择"开关调到"pH"挡。把清洗过的电极插入 $pH=6.88/6.86$ 的标准缓冲溶液中，并晃动试剂瓶使溶液均匀。调节"定位"调节器，使仪器读数为该标准缓冲液的 pH 值。再用蒸馏水清洗复合电极，用滤纸吸干，再将之插入 $pH=4.00$（或 $pH=9.23/9.18$）的标准缓冲液中，调节"斜率"调节器，使仪器读数为该标准缓冲液的 pH 值。

（5）重复步骤（4），直至不用再调节"定位"调节器及斜率调节旋钮为止，误差不应超过 ± 0.1。仪器标定完成。

注意事项：

（1）如果标定过程中操作失败或按键错误而使仪器测量不正常，可关闭电源，然后按住"确认"键再开启电源，使仪器恢复初始状态，然后重新标定。

（2）标定后，不能再按"定位"键及"斜率"键，如果触动这些键，则仪器 pH 指示灯闪烁，此时不要按"确认"键，而应按"pH/mV"键，使仪器重新进入 pH 测量状态，而无须再进行标定。

（3）标定时，一般第一次用 $pH=6.86$ 的缓冲液，第二次用接近溶液 pH 值的缓冲液。如果被测溶液为酸性，应选 $pH=4.00$ 的缓冲液；如果被测溶液为碱性，则选 $pH=9.18$ 的缓冲液。

3）pH 值的测量

被测溶液与标准溶液温度相同时的测量步骤如下：

（1）取出复合电极用蒸馏水冲洗，用滤纸吸干或用被测溶液清洗。

（2）把电极浸入被测溶液中，摇动烧杯，使溶液均匀，待显示屏上的读数稳定后，读出溶液的 pH 值。

（3）取出电极，用蒸馏水冲洗，用滤纸吸干，应避免电极的敏感玻璃泡与硬物接触，因为任何破损或摩擦都会使电极失效。测量完后，及时将电极保护套套上，电极套内应放少量外参比补充液(3 mol·L⁻¹的 KCl)以保持电极球泡湿润。复合电极长期不使用时，应拉上复合电极上端小孔，以防止补充液干燥。

4）测量电池的电动势

（1）将离子选择性电极(或金属电极)和甘汞电极夹在电极架上。用去离子水清洗电极头部，并用被测溶液清洗一次。把电极转化器插头插入仪器后部的测量电极插座内，把离子选择性电极插头插入转换器的插座内。

（2）把甘汞电极接入仪器后部的参比电极接口上，将选择开关旋钮调到"mV"挡。把两种电极插在被测溶液内。溶液搅拌均匀后，即可在显示屏上读出该电池的电动势(mV)，还可以显示正负极性。

（3）如果被测信号超出仪器的测量范围，或测量端断路，显示屏会不亮，产生超载报警。

2.5.3 仪器的维护

（1）仪器的输入端(测量电极插座)必须保持清洁，不使用时将短路插头插入，以防止灰尘及湿气侵入，在环境湿度较高的场所使用时，应把电极插头用干净纱布擦干。

（2）Q9 插头带架子连线接触器及电极插座转换器均在配合其他电极时使用。平时注意防潮防震。

（3）测量时，电极的导入线须保持静止，否则将会引起测量不稳定。

（4）用缓冲液标定仪器时，要保持缓冲液的可靠性，不能配错缓冲液，否则将导致测量结果产生误差。

（5）温度传感器采用 Pt100 线性热敏电阻，其使用寿命长，但切勿敲击或损伤。在将温度传感器破坏的情况下，可使用手动温度补偿进行测量。

2.5.4 电极的使用及维护

（1）电极在测量前必须用已知 pH 值的缓冲液进行定位和校准，其值越接近被测值越好。

（2）取下电极套后，应避免敏感的玻璃泡与硬物接触，因为任何破损或擦磨都会使电极失效。

（3）测量后，及时清洗电极并将电极保护套套上，套内应放 3 mol·L⁻¹的 KCL 补充液，以保持电极球泡的润湿。切忌泡在去离子水中。若发现干燥，在使用前应在 3 mol·L⁻¹的 KCL 溶液中浸泡几小时，以降低电极的不对称电位。复合电极的外参比补充液为 3 mol·L⁻¹的 KCL 溶液，补充液可以从电极上端小孔加入。

（4）仪器的输入端(测量电极插座)必须保持清洁，绝对防止输出两端短路，否则将使测量失准或失效。

（5）电极应与输入阻抗较高的酸度计(≥10¹² Ω)配套，以使其保持良好的特性。

（6）电极应避免长期浸在去离子水、蛋白质溶液和酸性氟化物溶液中，并避免与有机硅油接触。

（7）电极经长期使用后，如发现斜率略有降低，则可把电极下端浸泡在 4% 的 HF(氢氟酸)溶液中 3~5 s，用去离子水洗净，然后再 0.1 mol·L⁻¹的盐酸溶液浸泡，使之复新。

（8）第一次使用的 pH 电极或长期停用的 pH 电极，在使用前必须在 3 mol·L^{-1} 的 KCL 溶液中浸泡 24 h，以降低电极的不对称电位。

（9）测量中注意电极的 Ag - AgCl 内参比电极应浸入到球泡内氯化物缓冲液中，避免电计显示部分出现数字乱跳现象。使用时，注意将电极轻轻甩几下。

（10）被测溶液中如含有易污染敏感球泡或堵塞液接界的物质而使电极钝化，也会出现斜率降低现象，显示读数不准。如发生该现象，则应根据污染物的性质，用适当溶液清洗，使电极复新。注意：选用清洗剂时，不能用四氯化碳、三氟乙烯、四氢呋喃等能溶解聚碳酸树脂的清洗液，因为电极外壳是用聚碳酸树脂制成的，其溶解后极易污染玻璃球泡，从而使电极失效，也不能用复合电极去测上述溶液的 pH 值。

实验 2.1　用电位分析法测定水溶液的 pH 值

一、实验目的

（1）掌握 PHS - 3B 型 pH 计的使用。
（2）通过实验加深理解电位测定法测定水溶液 pH 值的基本原理。
（3）学会校验 pH 电极的性能。
（4）了解用标准缓冲液定位的意义。

二、实验原理

pH 是表示溶液酸度的标志，定义为氢离子活度的负对数，即

$$\text{pH} = -\lg \alpha_{H^+} \tag{2-18}$$

用电位分析法测量溶液的 pH 值，是以玻璃电极作指示电极（-），以饱和甘汞电极作参比电极（+），组成测量电池，电池示意如图 2-9 所示。

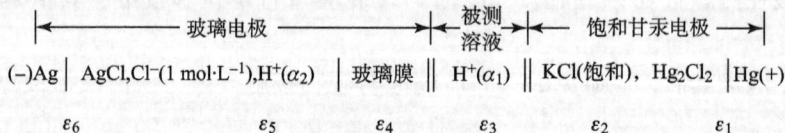

$$(-)Ag \mid AgCl,Cl^-(1\ mol·L^{-1}),H^+(\alpha_2) \mid 玻璃膜 \parallel H^+(\alpha_1) \parallel KCl(饱和),Hg_2Cl_2 \mid Hg(+)$$

图 2-9　电池示意

电池的电动势等于各相界电位的代数和，即

$$E_{试液} = (\varepsilon_1 - \varepsilon_2) + (\varepsilon_2 - \varepsilon_3) + (\varepsilon_3 - \varepsilon_4) + (\varepsilon_4 - \varepsilon_5) + (\varepsilon_5 - \varepsilon_6) \tag{2-19}$$

电池的电动势与氢离子的活度 α_1、α_2 有关：

$$E_{试液} = \varphi_{SCE} - \varphi_{Ag-AgCl} - \frac{RT}{F}\ln\frac{\alpha_1}{\alpha_2} + \varphi_a + \varphi_j \tag{2-20}$$

在式（2-20）中，φ_{SCE}、$\varphi_{Ag-AgCl}$ 分别为外参比电极和内参比电极的电位，φ_a 为不对称电位，φ_j 为试液与饱和氯化钾溶液之间的液接电位。假定在测定过程中，ψ_a 和 ψ_j 不变，ψ_{SCE}、$\varphi_{Ag-AgCl}$ 和玻璃电极内充液的氢离子的活度 α_2 的值一定，都可以合并为常数项，则电池的电动势可表示为：

$$E_{\text{试液}} = 常数 + \frac{2.303RT}{F}\text{pH}_{\text{试液}} \tag{2-21}$$

在式(2-21)中，常数项在一定条件下虽为定值，但却不能通过准确测试或计算得到，所以在实际测量时，要先用已知的 pH 标准缓冲液来定位，然后在相同条件下测量溶液的 pH 值，即选用 pH 值已经确定的标准缓冲液进行比较而得到待测溶液的 pH 值。

$$E_{\text{标准}} = 常数 + \frac{2.303RT}{F}\text{pH}_{\text{标准}} \tag{2-22}$$

25℃时，$\dfrac{2.303RT}{F} = 0.059$，式(2-22)简化为式(2-23)：

$$E_{\text{试液}} = 常数 + 0.059\text{pH}_{\text{试液}} \tag{2-23}$$

在式(2-23)中，0.059 为玻璃电极在 25℃时的理论响应斜率。

因为测试条件(如温度、电极等)相同，将式(2-21)、式(2-22)相减时，常数项被消去，因此水溶液的 pH 值通常被定义为其溶液所测电动势与标准溶液的电动势差有关的函数，其关系式可表示为式(2-24)：

$$\text{pH}_{\text{试液}} = \text{pH}_{\text{标准}} + \frac{E_{\text{试液}} \quad E_{\text{标准}}}{2.303RT/F} \tag{2-24}$$

该式常称为 pH 值的实用定义。可见，pH 测量是相对的，每次测量的 $\text{pH}_{\text{试液}}$ 都是通过与其 pH 值相近的标准缓冲液进行对比得到的，测量结果的准确度首先取决于标准缓冲液 $\text{pH}_{\text{标准}}$ 的准确度。标准缓冲液是一种稀水溶液，离子强度应小于 $0.1\ \text{mol} \cdot \text{kg}^{-1}$，具有较强的缓冲能力，容易制备，稳定性好。常用的几种标准缓冲液的 pH 值见表 2-3。

表 2-3　pH 测定常用的标准缓冲液

标准缓冲液	不同温度(℃)的 pH 值						
	10	15	20	25	30	35	40
$0.034\ \text{mol} \cdot \text{L}^{-1}$饱和酒石酸钾(25℃)	—	—	—	3.56	3.55	3.55	3.55
$0.050\ \text{mol} \cdot \text{L}^{-1}$邻苯二甲酸酸钾	4.00	4.00	4.00	4.01	4.01	4.02	4.04
$0.025\ \text{mol} \cdot \text{L}^{-1}\text{KH}_2\text{PO}_4 +$ $0.025\ \text{mol} \cdot \text{L}^{-1}\text{K}_2\text{HPO}_4$	6.92	6.90	6.88	6.86	6.85	6.84	6.84
$0.050\ \text{mol} \cdot \text{L}^{-1}$硼砂	9.33	9.27	9.22	9.18	9.14	9.10	9.06
饱和氢氧化钙(25℃)	13.00	12.81	12.63	12.45	12.30	12.14	11.98
$0.050\ \text{mol} \cdot \text{L}^{-1}$草酸氢钾	1.670	1.670	1.675	1.679	1.683	1.688	1.694
$0.010\ \text{mol} \cdot \text{L}^{-1}$四硼酸钠	9.332	9.270	9.225	9.180	9.139	9.102	9.068

显然，标准缓冲液的 pH 值是否准确可靠，是准确测量 pH 值的关键。目前，我国所建立的 pH 标准溶液体系有 7 个缓冲液，它们在 0℃~95℃的标准 pH 值可查阅相关文献。

测定 pH 值的仪器——pH 电位计是按上述原理设计制成的。例如在 25℃时，pH 计设计为单位 pH 变化 59 mV。若 pH 玻璃电极在实际测量中响应斜率不符合 59 mV 的理论值，这时仍用一个标准 pH 缓冲液校准 pH 计，就会因电极响应斜率与仪器不一致引入测量误差。为了提高测量的准确度，需用双标准 pH 缓冲液法将 pH 计的单位 pH 的电位变化与电极的电位变化校为一致。

当用双标准 pH 缓冲液法时，电位计的单位 pH 变化率 S 可校定为式(2-25)：

$$S = \frac{E_{(s,2)} - E_{(s,1)}}{pH_{(s,1)} - pH_{(s,2)}} \qquad (2-25)$$

在式(2-25)中，$pH(s,1)$ 和 $pH(s,2)$ 分别为标准 pH 缓冲液 1 和 2 的 pH 值，$E(s,1)$ 和 $E(s,2)$ 分别为其电动势。由此可得式(2-26)：

$$pH_{试液} = pH_{标准} + \frac{E_{试液} - E_{标准}}{S} \qquad (2-26)$$

这消除了电极响应斜率与仪器原设计值不一致所引入的误差。

25℃时，溶液的 pH 值变化 1 个单位时，电池的电动势改变 59.0 mV。实际测量中，选用 pH 值与水样 pH 值接近的标准缓冲液，校正 pH 计(又叫定位)，并保持溶液温度恒定，以减少由于液接电位、不对称电位及温度等变化而引起的误差。测定水样之前，用两种不同 pH 值的缓冲液校正，如用一种 pH 值的缓冲液定位后，在测定相差约 3 个 pH 单位的另一种缓冲液的 pH 值时，误差应在 ±0.1 pH 之内。

校正后的 pH 计，可以直接测定水样或溶液的 pH 值。

由于 pH 玻璃电极的内阻比较高(约 10^8 Ω)，因此要求 pH 计有较高的输入阻抗(> 10^{12} Ω)，这才能保证一定的测量精度。质量好的 pH 计测量 E 的精度达 ±0.1 mV，测量 pH 值的精度可达 ±0.002 pH。

三、仪器与试剂

1. 仪器

(1) PHS-3B 型精密数字式 pH 计；

(2) E201 复合式 pH 电极；

(3) 电磁搅拌器；

(4) 洗瓶 1 只；

(5) 50 mL 小烧杯 4 只。

2. 试剂

(1) 饱和酒石酸氢钾(25℃时 pH 值为 3.56)；

(2) 0.05 mol·L⁻¹ 邻苯二甲酸氢钾溶液(25℃时 pH 值为 4.00)：

称取 130℃时干燥的邻苯二甲酸氢钾 10.21 g，用蒸馏水溶解，并稀释到 1 L；

(3) 0.025 mol·L⁻¹ 磷酸二氢钾溶液和 0.025 mol·L⁻¹ 磷酸氢二钠缓冲液(25℃时 pH 值为 6.86)：

称取在 110℃~130℃干燥过 2 h 的 KH_2PO_4 3.40 g 及 $Na_2HPO_4 \cdot 12H_2O$ 8.95 g，用不含 CO_2 的蒸馏水溶解，稀释至 1 L；

(4) 0.01 mol·L⁻¹ 硼酸钠溶液(25℃时 pH 值为 9.18)：

称取 3.81 g $Na_2B_4O_7 \cdot 10H_2O$，溶解于不含 CO_2 的蒸馏水中，并稀释到 1 L，防止溶液接触空气；

（5）饱和氯化钾溶液；

（6）广泛 pH 试纸；

（7）3 种未知 pH 值的溶液。

四、实验步骤

1. 准备

（1）接通电源，使仪器预热 15 min。

（2）安装电极：把电极夹在复合电极杆上，然后将电极的插头插在主机相应的插口内紧圈，电极插头应保持清洁干燥。

（3）将仪器的功能开关置于"pH"挡。

（4）将温度补偿电位器调在被测溶液的温度上。

（5）将斜率电位器顺时针旋到底。

2. pH 玻璃电极的校验

一只良好的 pH 玻璃电极的电位应与溶液的 pH 值呈直线关系，但电极膜的制作及长期使用引起的老化或损伤，往往会影响上述线性关系，故在测试前应予以校验。

（1）将 pH 计置于"pH"挡，将温度调节至室温，将电极插入溶液中，拔去测量电极的插头，用定位调节旋钮调节标准溶液的 pH 值为该温度下的 pH 值。

（2）将功能开关置于"mV"挡，按前法接好复合式电极。

（3）将电极插入溶液中，拔去测量电极的插头，仪器显示值应为"000"，插上电极插头，稳定后，所显示的数值即溶液的电极电位。

（4）分别测量配好的各标准溶液的毫伏值。

①用温度计测量标准缓冲液的温度，调节温度调节器，使其所指示的温度刻度为所测得的温度。打开电极套管，用蒸馏水洗涤电极头部，用吸水纸仔细将电极头部吸干，将复合电极放入 50 mL 左右的混合磷酸盐的标准缓冲液中，使溶液淹没电极头部的玻璃球，轻轻摇匀，以促使电极平衡，待读数稳定后，调节定位旋钮，使显示值为该溶液在室温时的标准 pH 值。

②将电极取出，用蒸馏水清洗电极，并用滤纸吸干电极外壁的水分。用温度计测量邻苯二甲酸氢钾标准缓冲液的温度，调节温度调节器，使其所指示的温度刻度为所测得的温度。用邻苯二甲酸氢钾标准缓冲液荡洗三遍，放入 50 mL 左右的邻苯二甲酸氢钾标准缓冲液中，摇匀，使电极平衡，使显示值为该溶液在室温时的标准 pH 值。

③观察室温，查附录求得该温度下相隔单位 pH 时的毫伏值，计算两种缓冲液的 ΔpH，并与直接测得的两溶液的 ΔpH 比较，若两者的差值≤0.02 pH，则认为仪器的电极均正常。

3. 测量 pH 值

测量前用 pH 试纸初测未知样的 pH 值。用温度计测量试液温度，并将温度调节器置于此温度位置。测量时试液体积为 50 mL 左右。

1）单标准 pH 缓冲液法测量溶液的 pH 值

这种方法适合一般要求，即待测溶液的 pH 值与标准缓冲液的 pH 值之差小于 3 个 pH 单位。

（1）选用仪器的"pH"挡，将清洗干净的电极浸入待测标准 pH 缓冲液中，按下测量按钮，待数字显示稳定后，调节定位调节旋钮，使仪器显示的 pH 值稳定在该标准缓冲液 pH 值上。

（2）松开测量按钮，取出电极，用蒸馏水冲洗几次，小心用滤纸吸去电极上溶液。

（3）将电极置于欲测试液中，按下测量按钮，读取稳定的 pH 值，记录。平行测定两次，并记录。

（4）升起电极架，用蒸馏水冲洗电极后，用滤纸吸干电极表面的水分，再插入待测未知溶液中，稳定后，所显示的数值即待测溶液的 pH 值。

2）双标准 pH 缓冲液法测量溶液的 pH 值

为了获得高精确度的 pH 值，通常用两个标准 pH 缓冲液定位校正仪器，并且要求未知溶液的 pH 值尽可能落在这两个标准溶液的 pH 值之间。

（1）按单标准 pH 缓冲液法的步骤（1）、（2），选择两个标准缓冲液，用其中一个对仪器定位。

（2）将电极置于另一个标准缓冲液中，调节斜率旋钮（如果没设斜率旋钮，可使用温度补偿旋钮调节），使仪器显示的 pH 值读数至该标准缓冲液的 pH 值。

（3）松开测量按钮，取出电极，冲洗，用滤纸沾干水分后，再放入第一次测量的标准缓冲液中，按下测量按钮，若其读数与该试液的 pH 值相差至多不超过 0.05 pH 单位，这表明仪器和 pH 玻璃电极的响应特性均良好。往往要反复测量、调节几次，才能使测量系统达到最佳状态。

（4）当测量系统调定后，将洗干净的电极置于欲测试样溶液中，按下测量按钮，读取稳定的 pH 值，记录。平行测定两次，并记录。

（5）升起电极架，用蒸馏水冲洗电极后，用滤纸吸干电极表面的水分，再插入待测未知溶液中，稳定后，所显示的数值即待测溶液的 pH 值。

4. 实验结束工作

关闭 pH 计的电源开关，拔出电源插头。取出玻璃电极，用蒸馏水清洗干净后泡在蒸馏水中。取出甘汞电极，用蒸馏水清洗，再用滤纸吸干外壁的水分，套上小胶帽存放于盒内。清洗烧杯，晾干后妥善保存。用干净抹布擦净工作台，罩上仪器防尘罩，填写仪器使用记录。

五、注意事项

（1）玻璃电极的敏感膜非常薄，容易破碎损坏，因此，使用时应该注意勿与硬物碰撞，电极上所沾附的水分，只能用滤纸轻轻吸干，不得擦拭。

（2）不能用于含有氟离子的溶液，也不能用浓硫酸洗液、浓酒精来洗涤电极，否则会使电极表面脱水而失去功能。

（3）测量极稀的酸或碱溶液（小于 $0.01 \ mol \cdot L^{-1}$）的 pH 值时，为了保证电位计稳定工作，需要加入惰性电解质（如 KCl），以提供足够的导电能力。

（4）如果需要测量精确度高的 pH 值，为避免空气中 CO_2 的影响，尤其在测量碱性溶液的 pH 值时，要使待测溶液暴露于空气中的时间尽量短，读数要尽可能快。

（5）玻璃电极经长期使用后，会逐渐降低及失去氢电极的功能，这称为"老化"。当电极响应斜率低于 52 mV/pH 时，就不宜再使用。

思 考 题

1. 在测量溶液的 pH 值时，为什么 pH 计要用标准 pH 缓冲液进行定位？

2. pH 理论定义和实用定义各指什么？

3. 为什么用单标准 pH 缓冲液法测量溶液的 pH 值时，应尽量选用 pH 值与它相近的标准缓冲液来校正 pH 计？

实验 2.2　啤酒总酸的测定

一、实验目的

(1) 了解啤酒总酸的测定原理。

(2) 掌握啤酒总酸的测定方法。

二、实验原理

啤酒总酸是衡量啤酒中各种酸总量的指标，用中和 100 mL 脱气啤酒至 pH = 9.0 所消耗的 0.1 mol · L^{-1}的氢氧化钠标准溶液的体积(mL)来表示。小于等于 12° 的啤酒总酸应消耗小于等于 2.6 mL 的 0.1 mol · L^{-1}的氢氧化钠标准溶液。

利用酸碱中和原理，用氢氧化钠标准溶液直接滴定一定量的样品溶液，用 pH 计指示滴定终点，当 pH = 9.0 时，即滴定终点。

三、仪器与试剂

1. 仪器

(1) pH 计：附与之相配套的 pH 玻璃电极和甘汞电极；

(2) 电磁搅拌器；

(3) 恒温水浴锅；

(4) 碱式滴定管：25 mL 或 50 mL；

(5) 移液管：50 mL。

2. 试剂

(1) 啤酒；

(2) 氢氧化钠标准溶液。

四、实验步骤

1. pH 计的校正

按仪器使用说明书的要求对 pH 玻璃电极和甘汞电极进行处理（电极的预处理，见电极说明材料）。取下饱和甘汞电极胶帽及加液孔胶塞和下端的胶帽，用 pH = 9.22（20℃）标准缓冲液校正。

2. 样品的处理

用移液管吸取 50.00 mL 已除气的样品置于 100 mL 烧杯中，于 40℃ 恒温水浴中保温

30 min，并不时振摇和搅拌，以除去残余的二氧化碳。取出冷却至温室。

3. 样品的测量

将盛有样品的烧杯置于电磁搅拌器上，投入玻璃或塑料铁芯搅拌子，插入 pH 玻璃电极和饱和甘汞电极，开动电磁搅拌器，用氢氧化钠标准溶液滴定至 pH = 9.0 即终点。记录氢氧化钠标准溶液的用量。平行测定三次。计算样品中的总酸含量。

五、注意事项

（1）在滴定过程中溶液的 pH 值没有明显的突跃变化，所以在接近终点时滴定要慢，以减少终点时的误差。

（2）平行测定结果的允许差小于等于 0.1%。

思 考 题

如何减小由突跃变化不明显所带来的滴定误差？

实验 2.3 乙酸的电位滴定分析及其解离常数的测定

一、实验目的

（1）学习电位滴定法的基本原理和操作技术。

（2）使用 pH – V 曲线和（$\Delta pH/\Delta V$）– V 曲线与二级微商法确定滴定终点。

（3）学习测定弱解离常数的方法。

二、实验原理

某些弱酸、弱碱的解离常数较小，或各解离常数的差别很小，进行目视终点滴定时不易确定终点。若用电位滴定法进行测定，往往会得到较好的实验结果。

pH 玻璃电极和饱和甘汞电极插入试液时组成工作电池：

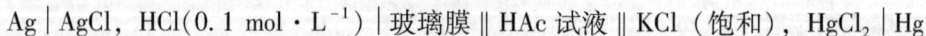

Ag｜AgCl，HCl（0.1 mol·L^{-1}）｜玻璃膜‖HAc 试液‖KCl（饱和），HgCl$_2$｜Hg

在滴定过程中，电位滴定仪可以连续测定溶液电位的变化，并自动记录滴定曲线，根据滴定曲线确定终点时所消耗滴定剂的体积，即可计算出实验结果。

乙酸为一元弱酸，其 pKa = 4.74，当以标准碱溶液滴定乙酸试液时，在化学计量点附近可以观察到 pH 值突跃。

该工作电池的电动势在电位滴定仪上反映出来，并表示为滴定过程中的 pH 值，记录加入标准碱溶液的体积和相应被滴定溶液的 pH 值，然后在 $\Delta pH'/\Delta V' = 0$ 处确定终点。根据消耗标准碱溶液的体积和试验体积，即可求得试样中的乙酸浓度。

根据乙酸电离平衡：

$$HAc \rightleftharpoons H^+ + Ac^-$$

其解离常数 $Ka = [H^+][Ac^-]/[HAc]$。

当滴定分数为 50% 时，$[Ac^-] = [HAc]$，此时，$Ka = [H^+]$，即 pKa = pH。

因此，在滴定分数为 50% 时，pH 值即乙酸的 pKa 值。

三、仪器和试剂：

1. 仪器

（1）电位滴定计；

（2）雷磁 E－201－C 型（65－1 AC 型）塑壳可充式复合电极；

（3）pH 玻璃电极；

（4）甘汞电极；

（5）容量瓶；

（6）移液管；

（7）微量滴定管。

2. 试剂

（1）1 mol·L^{-1}乙酸标准溶液；

（2）0.1 mol·L^{-1} NaOH 标准溶液；

（3）乙酸试剂（浓度约为 1 mol·L^{-1}）；

（4）0.05 mol·L^{-1}邻苯二甲酸氢钾溶液，pH＝4.00（20℃）；

（5）0.05 mol·L^{-1}磷酸氢二钠与 0.05 mol·L^{-1}磷酸二氢钾混合溶液，pH＝6.88（20℃）。

四、实验步骤

（1）调试电位滴定计，将选择开关置于 pH 滴定挡。摘去甘汞电极的橡皮帽，并检查内电极是否浸入，如未浸入，应补充饱和 KCl 溶液。在电极架上装好玻璃电极，以防止烧杯碰坏玻璃电极薄膜。

（2）对 pH＝4 的标准缓冲溶液，开动搅拌器，进行 pH 计定位，再以 pH＝6.88 的标准缓冲液校正，所得读数和测量温度下的标准缓冲液的 pH 值之差应该在 ±0.05pH 单位之内。

（3）吸取草酸标准溶液 10 mL，置于 100 mL 烧杯中，加水约 30 mL，加入搅拌子。

（4）取稀释后的草酸标准溶液 5 mL，置于 100 mL 烧杯中，加水至 30 mL，加入搅拌子。

（5）以标定的 NaOH 溶液装入微量滴定管中，在液面 0.00 mL 处。

（6）开动搅拌器，调节至适当的搅拌速度，进行粗测，即测量在加入 NaOH 溶液 0 mL、1 mL、2 mL、3 mL、4 mL、5 mL、6 mL、7 mL、8 mL、9 mL、10 mL 时各点的 pH 值。

（7）重复(4)、(5)操作，然后进行细测，即在化学计量点附近。

五、说明

（1）ZD－3 型(或其他型号)电位滴计的使用方法见实验室提供的操作规程。

（2）用"记录滴定"和"一次微分滴定"两种滴定法进行操作。

（3）滴定时可加入合适的指示剂，在滴定曲线拐点处同时观察溶液颜色的变化，以进行对比。

思 考 题

1. 滴定速度对实验结果有无影响？

2. 自动电位分析有何优缺点？

实验 2.4　用电位滴定法测定水中氯离子的含量

一、实验目的

（1）掌握电位滴定法的原理及方法。

（2）学会用自动电位滴定仪进行水中氯离子含量的测定。

二、实验原理

电位滴定法是在滴定过程中通过测量电位变化来确定滴定终点的方法，和电位测定法相比，电位滴定法不需要准确地测量电极电位值，因此，温度、液体接界电位的影响并不重要，其准确度优于电位测定法。普通滴定法是依靠指示剂的颜色变化来指示滴定终点，如果待测溶液有颜色或浑浊时，终点的指示就比较困难，或者根本找不到合适的指示剂。电位滴定法是靠电极电位的突跃来指示滴定终点。在滴定到达终点前后时，滴液中的待测离子浓度往往连续变化 n 个数量级，引起电位的突跃，被测成分的含量仍然通过消耗滴定剂的量来计算。

通过使用不同的指示电极，电位滴定法可以进行酸碱滴定、氧化还原滴定、络合滴定和沉淀滴定。酸碱滴定时使用 pH 玻璃电极为指示电极。在氧化还原滴定中，可以用铂电极作指示电极。在络合滴定中，若用 EDTA 作滴定剂，可以用汞电极作指示电极，在沉淀滴定中，若用硝酸银滴定卤素离子，可以用银电极作指示电极。在滴定过程中，随着滴定剂的不断加入，电极电位 E 不断发生变化，电极电位发生突跃，说明滴定到达终点。用微分曲线比普通滴定曲线更容易确定滴定终点。

用 $AgNO_3$ 溶液滴定氯离子时，发生下列反应：

$$Ag^+ + Cl^- = AgCl \downarrow$$

电位滴定时可选用对氯离子或银离子有响应的电极作指示电极。本实验以银电极作指示电极，用带硝酸钠盐桥的饱和甘汞电极作参比电极。由于银电极的电位与银离子浓度有关，在一定温度时为：

$$\varphi = \varphi^\theta + \frac{RT}{nF}\ln\alpha_{Ag^+} \tag{2-27}$$

随着滴定的进行，银离子浓度逐渐改变，原电池的电动势亦随之变化。进行电位滴定时，在被测溶液中插入一个参比电极，一个指示电极组成工作电池。随着滴定剂的加入，由于发生化学反应，被测离子浓度不断变化，指示电极的电位也相应地变化，在等当点附近发生电位的突跃。因此通过测量工作电池电动势的变化，可确定滴定终点。使用自动电位滴定仪，在滴定过程中可以自动绘出滴定曲线，自动找出滴定终点，自动给出体积，滴定快捷方便。

本实验采用 ZDJ - 4A 型自动电位滴定仪测定水中氯离子的含量。ZDJ - 4A 型自动电位滴定仪的基本结构如图 2 - 10 所示。它可以进行电压测量和 pH 值测量。

1. mV 测量

仪器开机，即进入 mV 或 pH 测量状态。按 "mV/pH" 键，仪器可切换到 mV 或 pH 测量状态。在仪器不接电极（电极接口 1 和 2 全部用短路接头短路）时，仪器显示应在 0 mV 左右。

2. pH 测量

在 pH 测量状态下，连接好 pH 电极，按"设置"键，设置好电极接口（注意：pH 电极在第一次使用时需进行电极标定，否则影响 pH 测量和 pH 滴定。按"标定"键即可进行 pH 的一点或两点标定，建议用两点标定，标定后即可进行 pH 测量。仪器有存储功能，标定数据关机后数据不会丢失）。

3. 各种化学反应的电极和滴定剂的选择

由于化学反应种类繁多，对不同反应应选择不同的离子选择性电极。表 2 – 4 列出了常见的化学反应应选择的电极和滴定剂。

表 2 – 4　常见的化学反应应选择的电极和滴定剂

滴定类型	选用电极	选用滴定剂
水溶液酸碱滴定	E – 201 – C9	强酸或强碱
高氯酸非水滴定	231（01）型玻璃电极和 212（01）型参比电极	高氯酸冰醋酸
沉淀滴定（Cl^-）	216（01）型银电极和 217 型参比电极	硝酸银
氧化还原滴定（Fe^{2+}）	213（01）型铂电极和 212（01）型参比电极	重铬酸钾
络合滴定（Ca^{2+}）	PCa – 1 型钙电极和 212（01）型参比电极	DETA 二钠

4. 滴定的大致过程

对任何一个滴定反应，滴定的大致过程为：

（1）准备好电极，安装好仪器和样品；

（2）用滴定剂反复冲洗滴定管，使溶液充满整个滴定管道［"F1"（清洗）键］；

（3）参数设定：电极接口、滴定管、滴定管参数、打印机［用"设置"（Setup）键设置］；

（4）搅拌速度：按"搅拌"（Stirrer）键设置；

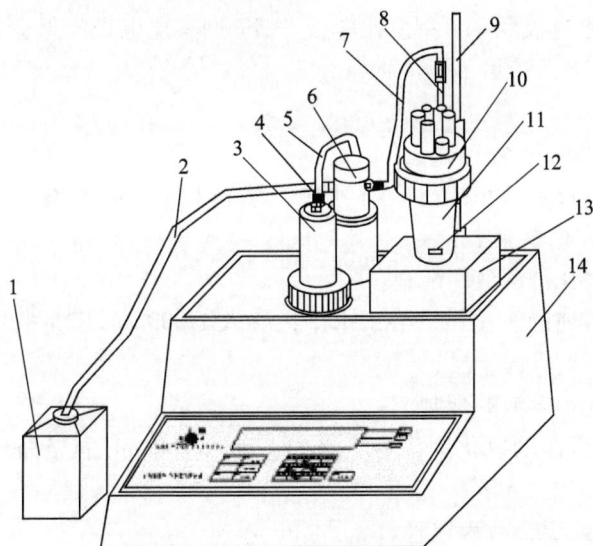

图 2 – 10　ZDJ – 4A 型自动电位滴定仪示意

1—贮液瓶；2—输液管；3—滴定管；4—接口螺母；5—输液管；6—转向阀；7—输液管；8—滴定管；
9—电极梗；10—溶液杯支架；11—溶液杯；12—搅拌磁子；13—搅拌器；14—主机

（5）预滴定：找到终点，生成模式；

（6）模式滴定。

注：也可用预滴定模式一直进行滴定分析。

三、仪器及试剂

1. 仪器

（1）ZDJ-4A 型自动电位滴定仪；

（2）216-01 型银电极；

（3）217 型参比电极；

（4）10 mL 移液管；

（5）100 mL 量筒；

（6）100 mL 烧杯。

2. 试剂

（1）硝酸银（分析纯）；

（2）氯化钾（分析纯）；

（3）氯化钠（分析纯）；

（4）水样。

四、实验步骤

（1）准备工作。

开机，按"F1"（清洗）键，按"▲"或"▼"键选择清洗次数后，再按"F2"（确认）键，用 $0.1 \ mol \cdot L^{-1}$ 硝酸银溶液反复冲洗滴定管，使溶液充满整个滴定管道。

（2）选用电极。

选用 216-01 型银电极及 217 型参比电极。217 型参比电极的外套装 $3 \ mol \cdot L^{-1}$ 氯化钾溶液。

（3）溶液的配制。

①$0.1 \ mol \cdot L^{-1}$ 硝酸银溶液的配制。

称取 16.987 g 分析纯的硝酸银，溶于水中，移入 1 000 mL 容量瓶中，并用水稀释至刻度，摇匀，溶液保存在棕色瓶中。

②$0.1 \ mol \cdot L^{-1}$ 氯化钠溶液的配制。

称取 5.844 g 分析纯的氯化钠，溶于水中，移入 1 000 mL 容量瓶中，并用水稀释至刻度，摇匀。

③$3 \ mol \cdot L^{-1}$ 氯化钾溶液的配制。

称取 22.365 g 分析纯的氯化钾，溶于水中，移入 100 mL 容量瓶中，并用水稀释至刻度，摇匀。

（4）选用 10 mL 或 20 mL 滴定管。

（5）分析步骤。

①设置电极插口，设置滴定管及滴定管系数。

按"设置"（Setup）键设置好电极插口位置、滴定管及滴定管系数。

②准备样品。

用移液管吸取 10 mL 的 0.1 mol·L^{-1} 氯化钠溶液于反应瓶中，加入 40 mL 去离子水，加入搅拌子，放在搅拌器上，将电极及滴液管插入溶液。

③模式生成（预滴定）。

在开机状态下，按"设置"（Setup）键设置好电极插口位置、滴定管及滴定管系数。

按"搅拌"（Stirrer）键，再按"▲"或"▼"键选择设置好合适的搅拌速度（或用"F2"键直接输入数字搅拌速度），按"F1"（确认）键退出搅拌速度设定。

按"F3"（滴定）键，仪器显示"滴定模式"状态，按"▲"或"▼"键选择"预滴定"，按"F2"（确认）键。再按"▲"或"▼"键选择"mV"，按"F2"（确认）键，仪器自动进行预滴定，滴定终点时仪器自动长声提示，按"F1"（终止）键，再按"F2"（确认）键，终止滴定。仪器自动补充滴定液，结束后显示终点结果。

按"退出"键结束本次分析。

④滴定分析。

预滴定结束后，用去离子水反复清洗滴定管外壁。用移液管吸取 10 mL 氯化钠溶液于反应瓶中，加入 40 mL 去离子水，加入搅拌子，放在搅拌器上，将电极及滴液管插入溶液。在开机状态下，按"设置"（Setup）键设置好电极插口位置、滴定管及滴定管系数。按"搅拌"（Stirrer）键，再按"▲"或"▼"键选择设置好合适的搅拌速度（或用"F2"键直接输入数字搅拌速度），按"F1"（确认）键退出搅拌速度设定。按"F3"（滴定）键，仪器显示"滴定模式"状态，按"▲"或"▼"键选择"重复上次滴定"，按"F2"（确认）键。再按"▲"或"▼"键选择"mV"，按"F2"（确认）键，仪器自动进行滴定，滴定终点时仪器自动长声提示，按"F1"（终止）键，再按"F2"（确认）键，终止滴定。仪器自动补充滴定液，结束后显示终点结果。按"退出"键结束本次分析。重复三次，计算硝酸银溶液的浓度。

滴定结束后，用去离子水反复清洗滴定管外壁。用移液管吸取 10 mL 水样于反应瓶中，加入 40 mL 去离子水，加入搅拌子，放在搅拌器上，将电极及滴液管插入溶液。重复上述步骤三次。

根据滴定终点所消耗的硝酸银溶液的体积，计算水样中氯离子的浓度（以 mol·L^{-1} 表示）。

思　考　题

1. 用硝酸银滴定氯离子时，是否可以用碘化银电极作指示电极？
2. 与化学分析中的容量分析法相比，电位滴定法有何特点？

实验 2.5　用氟离子选择电极测定饮用水中的氟

一、实验目的

（1）掌握电位测定法的测定原理及实验方法。

（2）学会正确使用氟离子选择性电极和 pH 计。

（3）了解氟离子选择性电极的基本性能及其使用方法。

二、实验原理

氟离子选择电极是一种以氟化镧（LaF_3）单晶片为敏感膜的传感器。由于单晶结构对能进入晶格交换的离子有严格的限制，故该电极有良好的选择性。将氟化镧单晶[掺入微量氟化铕（ii）以增加导电性]封在塑料管的一端，管内装有 $0.1\ mol \cdot L^{-1}$ NaF 溶液和 $0.1\ mol \cdot L^{-1}$ NaCl 溶液，以 Ag - AgCl 电极为参比电极，构成氟离子选择性电极，如图 2 - 11 所示。

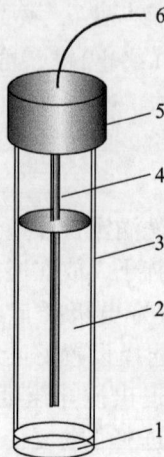

图 2 - 11　氟离子选择性电极结构示意

1—氟化镧单晶膜；2—内参比溶液[$0.1\ mol \cdot L^{-1}$ NaF, $0.1\ mol \cdot L^{-1}$ NaCl]；

3—电极支持杆；4—Ag - AgCl 内参比电极；5—电极罩帽；6—导线

用氟离子选择性电极测定水样时，以氟离子选择性电极作指示电极，以饱和甘汞电极作参比电极，组成测量电池，如图 2 - 12 所示。

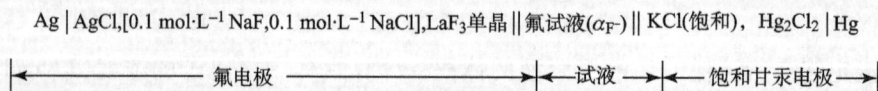

Ag | AgCl,[$0.1\ mol \cdot L^{-1}$ NaF,$0.1\ mol \cdot L^{-1}$ NaCl],LaF_3单晶 || 氟试液(α_{F^-}) || KCl(饱和), Hg_2Cl_2 | Hg

|←————————— 氟电极 —————————→|←— 试液 —→|←— 饱和甘汞电极 —→|

图 2 - 12　电池组成示意

一般离子计上负离子接负极，饱和甘汞电极接正极，电池的电动势（E）随溶液中氟离子浓度的变化而改变，即

$$
\begin{aligned}
E（电动势） &= \varphi_{SEC} - \varphi_{膜} - \varphi_{Ag-AgCl} + \varphi_a + \varphi_j \\
&= K + RT/F \times \ln\alpha_{(F,外)} \\
&= K + 0.059\ln\alpha_{(F,外)}
\end{aligned}
\tag{2 - 28}
$$

在式（2 - 28）中，0.059 为常温下电极的理论响应斜率；K 与内外参比电极的电位差，与内参比溶液中 F^- 活度有关，当实验条件一定时为常数。

在应用氟离子选择性电极时，应考虑以下几方面的问题：

（1）试液 pH 值的影响：用氟离子选择性电极测量 F^- 时，最适宜的 pH 值范围为 5.5 ~ 6.5。pH 值过低，易形成 HF 和 HF_2^-，影响 F^- 的活度；pH 值过高，OH^- 浓度增大，OH^- 在

电极上与 F^- 产生竞争响应，在碱性溶液中，氢氧根离子浓度大于氟离子浓度的 1/10 时就会产生干扰，也易引起单晶膜中 La^{3+} 的水解，形成 $La(OH)_3$，影响电极的响应：

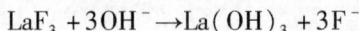

$$LaF_3 + 3OH^- \rightarrow La(OH)_3 + 3F^-$$

故通常用 pH 值为 5~6 的缓冲液来控制溶液的进行。常用的缓冲液是 HAc-NaAc 缓冲液。

（2）消除 Al^{3+}、Fe^{3+}、Th^{3+} 等干扰离子。某些高价阳离子（如 Al^{3+}、Fe^{3+}）及氢离子能与氟离子络合而干扰测定，需加入掩蔽剂如柠檬酸盐（K_3Cit）、EDTA 来消除干扰，柠檬酸盐与溶液中可能存在的干扰离子 Fe^{3+}、Al^{3+} 形成比干扰离子与 F^- 更稳定的络合物，掩蔽干扰离子 Fe^{3+}、Al^{3+}、Th^{3+} 等。

（3）控制试液的离子强度。为使测定过程中 F^- 的活度系数、液接电位 φ_j 保持恒定，试液需要维持一定的离子强度。常在试液中加入一定浓度的电解质，如 KNO_3、NaCl、$KClO_4$ 等，来控制离子强度，消除标准溶液与被测溶液的离子强度差异，使离子活度系数保持一致。

因此，用氟离子选择性电极测定饮用水中的氟离子含量时，使用总离子强度调节缓冲液（Total Ionic Strength Adjustment Buffer，TISAB）来控制氟电极的最佳使用条件，其组分为 KNO_3、K_3Cit、HAc、NaAc。

氟离子选择性电极具有测定简便，快速，灵敏，选择性好，可测定浑浊、有色水样等优点。最低检出浓度为 $0.05\ mg \cdot L^{-1}$（以 F^- 计）；测定上限可达 $1\ 900\ mg \cdot L^{-1}$（以 F^- 计）。其适用于地表水、地下水和工业废水中氟化物的测定。

可采用标准加入法。可以知道 E 与 $\lg C_{F^-}$ 呈线性关系，根据标准溶液测定，做出 $E-\lg C_F$-标准曲线，从而根据测定的水样的电位，从曲线上求得水样中氟离子的含量。

先测定待测溶液的电动势 E_1，电动势 E_1 按式（2-29）计算。然后加入一定量的标准溶液，再次测定电动势 E_2，电动 E_2 按式（2-30）计算。根据两者的关系，测得水样中的氟离子浓度。

$$E_1 = K' - 0.059\lg C_x \tag{2-29}$$

$$E_2 = K' - 0.059\lg\left(\frac{C_x V_0 + C_s V_s}{V_0 + V_s}\right) \tag{2-30}$$

由于 $V_s \ll V_x$，可认为标准溶液加入前后的其余组分基本不变，离子强度基本不变，故水样试液中氟离子浓度为式（2-31）：

$$C_{F^-} = \frac{C_s V_s}{V_x}(10^{\Delta E/S} - 1)^{-1} \tag{2-31}$$

式（2-31）中，S 为电极响应斜率，理论值为 $2.303RT/nF$，与实际值有一定差异。为避免引入误差，可由计算校准曲 1 的斜率求得。

三、仪器和试剂

1. 仪器

（1）PHS-3B pH 计；

（2）恒温电磁搅拌器；

（3）氟离子选择性电极；

（4）饱和甘汞电极；

（5）1 mL、5 mL、10 mL 吸量管；

（6）25 mL 移液管；

（7）50 mL、100 mL 烧杯；

（8）50 mL、100 mL、1000 mL 容量瓶；

（9）胶头滴管；

（10）洗耳球；

（11）滤纸；

（12）镊子。

2. 试剂

（1）0.100 mol·L^{-1} 氟离子标准溶液：称取 2.100 g NaF（已在 120℃烘箱中烘干 2 h 以上），放入 500 mL 烧杯中，加入 300 mL 去离子水溶解后转移至 500 mL 容量瓶中，用去离子水稀释至刻度，摇匀，保存于聚乙烯塑料瓶中备用。

（2）TISAB 柠檬酸钠缓冲溶液：将 102 g KNO$_3$、83 g NaAc、32 g K$_3$Cit 放入 1 L 烧杯中，再加入冰醋酸 14 mL，用 600 mL 去离子水溶解，溶液的 pH 值应为 5.0～5.5，如超出此范围，应该用醋酸或 NaOH 调节，调节好后加去离子水至总体积 1 L。

（3）去离子水。

四、实验步骤

本实验采用标准曲线法和标准加入法测定自来水中的氟离子含量。

1. 氟离子选择性电极的准备

将氟离子选择性电极浸在 1×10^{-4} mol·L^{-1} 的 F$^-$ 溶液中浸泡（活化）约 30 min。然后取去离子水 50～60 mL 置于 100 mL 烧杯中，放入搅拌磁子，插入氟离子选择性电极和饱和甘汞电极。开启搅拌器，2 min 后，若读数大于 −300 mV，则更换去离子水，继续清洗，直至读数小于 −300 mV。若氟离子选择性电极暂不使用，宜干放。

2. 预热及电极安装

将 pH 计调至"mV"挡，将氟离子标准溶液和甘汞电极分别与 pH/mV 计相接，开启仪器开关，预热仪器。

3. 标准曲线法

1）标准系列溶液的配制及测定

取 5 个 50 mL 容量瓶，在第一个容量瓶中加入 10 mL TISAB 溶液，其余加入 9 mL TISAB 溶液。用 5 mL 移液管吸取 5.0 mL 0.1 mol·L^{-1} 的 NaF 标准溶液，放入第一个容量瓶当中，加去离子水至刻度，摇匀即 1.0×10^{-2} mol·L^{-1} F$^-$ 溶液。然后逐一稀释配置 2×10^{-3}～10^{-6} mol·L^{-1} F$^-$ 溶液。用待测的标准溶液润洗塑料烧杯和搅拌磁子 2 遍。用干净的滤纸轻轻吸附粘在电极上的水珠。将剩余的氟水样全部倒进塑料烧杯中，放入搅拌磁子，插入洗净的电极进行测定。待读数稳定后，读取电位值。按顺序从低浓度至高浓度依次测量，每测量一份试样，均无须清洗电极，只需用滤纸轻轻沾去电极上的水珠。将测量结果列表记录。

2）水样中氟离子含量的测定

取氟水样 25.00 mL 于 50 mL 容量瓶中，加入 5.00 mL 柠檬酸盐缓冲液，用去离子水稀释至刻度，摇匀，待测。用少许氟水样润洗塑料烧杯和搅拌磁子 2 遍。用干净的滤纸轻轻吸附粘在电极上的水珠。将剩余的氟水样全部倒进塑料烧杯中，放入搅拌磁子，插入洗净的电极进行测定。待读数稳定后，读取电位值。计算水样中的氟离子的含量（$mg \cdot L^{-1}$）。

4. 标准加入法

取 2 个 100 mL 容量瓶，分别加入 20 mL TISAB 溶液，其中一个容量瓶用自来水稀释至刻度，摇匀后倒入 50 mL 的干燥烧杯中，测定电位值 E_1。

向另一个容量瓶中加入 1.00 mL 浓度为 2×10^{-3} $mol \cdot L^{-1}$ 的 F^- 标准溶液，用自来水稀释至刻度，摇匀后倒入 50 mL 的干燥烧杯中，测定电位值 E_2。

计算自来水的含量，用 $mg \cdot L^{-1}$ 表示。

思 考 题

1. 氟离子选择性电极在使用时应注意哪些问题？
2. 为什么要清洗氟电极，使其响应电位值负于 -370 mV？
3. 柠檬酸盐在测定溶液中起什么作用？

实验 2.6　用库仑分析法测定砷

一、实验目的

（1）通过本实验，学习掌握库仑分析法的基本原理。
（2）学会恒电流库仑仪的使用技术。
（3）掌握用恒电流库仑分析法测定微量砷的实验方法。

二、实验原理

库仑分析法是以电解产生的物质作为"滴定剂"来滴定被测物质的一种分析方法。在分析时，以 100% 的电流效率产生一种物质（滴定剂），它能与被分析物质进行定量的化学反应，反应的终点可借助指示剂、电位法、电流法等进行确定。这种分析方法所需的滴定剂不是由滴定管加入的，而是借助电解方法产生出来的，滴定剂的量与电解所消耗的电量（库仑数）成正比，所以称为"库仑分析"。

库仑分析法是由电解产生的滴定剂来测定微量或痕量物质的一种分析方法。本实验利用恒电流电解 KI 溶液产生滴定剂 I_2 来测定砷。电解池工作电极的反应为：

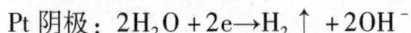

Pt 阳极：$2I^- \rightarrow I_2 + 2e$

Pt 阴极：$2H_2O + 2e \rightarrow H_2 \uparrow + 2OH^-$

库仑分析法根据电解过程中所消耗的电量来求被测物的浓度或含量，它的理论依据是法拉第定律：

$$m_s = \frac{Q \cdot M}{nF} = \frac{I \cdot t \cdot M}{nF}(g) \qquad (2-32)$$

式中，m_s 为被测物的含量；Q 为所消耗的电量；M 为被测物的摩尔质量（本实验中的摩尔质量为 74.92 $g \cdot mol^{-1}$）；n 为发生氧化反应消耗的电子数；F 为法拉第常数，$F = 96\ 487$ C $\cdot$ mol^{-1}；I 为电解电流；t 为电解时间。被测物的浓度见式（2-33）：

$$c = \frac{m_s}{MV} = \frac{Q}{nFV} \tag{2-33}$$

本实验中的反应方程式如下：

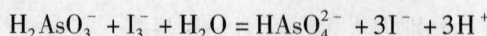

$$H_2AsO_3^- + I_3^- + H_2O = HAsO_4^{2-} + 3I^- + 3H^+$$

As 是被测物，此反应要求 pH 值为 5 ~ 9；I_3^- 是"滴定剂"，在恒电流的情况下于双铂片阳极上由 KI 氧化产生：$3I^- = I_3^- + 2e$。铂丝阴极置于烧结玻璃管内，以保持 100% 的电流效率：$2H^+ + 2e = H_2$。pH > 9 时，I_3^- 发生歧化反应，为了使电解产生碘的效率达 100%，要求电解液的 pH < 9。为此，实验中采用磷酸盐缓冲液维持电解液的 pH 值为 7 ~ 8。

终点利用两个铂片电极作为指示系统，以电流上升法检测（也可用淀粉指示剂），即在电解池中插入一对铂片电极作指示电极，加上一个很小的直流电压（一般为几十毫伏至一、二百毫伏）。在整个滴定期间，由于电解产生的 I_3^- 被 As(Ⅲ) 所消耗，由于 As(Ⅴ)/As(Ⅲ) 电对的不可逆性，在滴定终点前，在指示系统该电对不发生氧化还原反应，没有电流流过；当 As(Ⅲ) 全部被氧化成 As(Ⅴ) 后，产生过量的 I_3^-；I_3^- 可以在负极还原，I^- 在正极氧化，由于有氧化还原反应发生，在指示电极上发生如下可逆电极反应：

阳极：$3I^- \rightarrow I_3^- + 2e$

阴极：$I_3^- + 2e \rightarrow H_2 \uparrow + 3I^-$

因而就有电流通过指示系统，电流明显增大，这可由串联的检流计显示出来，指示终点到达。

三、仪器和试剂

1. 仪器

(1) 通用库仑仪[直流稳压电源(1 ~ 30 mV)、线绕电阻、甲电池 1 个、电键、毫伏表(mV)、毫安表(mA)、库仑池、检流计、秒表、电位器]；

(2) 磁力搅拌器。

2. 试剂

(1) As(Ⅲ) 溶液：称取 As_2O_3（分析纯，预先在硫酸保干器中干燥 48 h）0.660 g 放入 100 mL 烧杯中，加少量水润湿，加入 0.5 mol·L^{-1} NaOH 溶液 5 ~ 10 mL，搅拌使其溶解，加入 40 ~ 50 mL 水，用 1 mol·L^{-1} H_3PO_4 溶液调节 pH 值至 7.0，转移至 100 mL 容量瓶中，用水稀释至刻线，摇匀备用。此溶液含 As(Ⅲ) 5.00 mg·mL^{-1}，使用时需进一步稀释至 500 μg·mL^{-1}。

(2) 0.2 mol·L^{-1} KI：将称取大约 3 g KI，溶解于 100 mL 水中，加入 0.01 g Na_2CO_3 以防止空气的氧化作用，保存于棕色瓶中。

(3) 0.2 mol·L^{-1} 磷酸盐缓冲液：将 7.8 g $NaH_2PO_4·2H_2O$ 和 1 g NaOH 溶于 250 mL 水中，溶液的 pH 值约为 8.0。

(4) 淀粉溶液：0.5%（新配制）。

四、实验步骤

(1) 按图 2-13 准备好实验装置，把隔离阴极接到电解系统的负极，把双铂片电极接到电解系统的正极；把两个铂片电极分别接到指示系统（即测量系统）的正极和负极。将

25 mL KI、25 mL 磷酸盐缓冲液和 1.00 mL As(Ⅲ)试液加到库仑池中,用磷酸盐缓冲液充满隔离阴极的管子。合上开关 K_2,接通指示终点电路,调节电位器,使伏安表上的电压值为100 mV 左右,调节检流计上的调零旋钮,使检流计的指针在零附近。

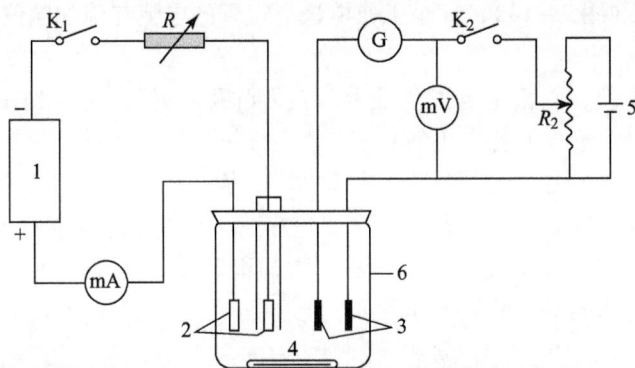

图 2−13　库仑分析法的实验装置
1—直流稳压电源;2—工作电极;3—指示电极;4　搅拌磁子,5　甲电池;6—库仑池

(2) 打开磁力搅拌器,将电解电路开关 K_1 合上,调节线绕电阻,使电解电流在 10 mA 左右。电解进行至检流计指针迅速漂移为止,断开 K_1、K_2 及搅拌器开关。

(3) 在库仑池中再加入 1.00 mL As(Ⅲ)试液,打开磁力搅拌器,先合上开关 K_2,再合上开关 K_1,同时开启秒表计时,准确记下电解电流(毫伏数,精确到小数点后两位),电解进行至检流计迅速漂移为止(约达到 20 μA)。断开 K_1,同时停止秒表计时,断开 K_2,记下电解时间。

(4) 再向电解池中加入 1.00 mL 试液,再次电解。重复实验 3~4 次,直至电量相差小于 10 mC,已取得平行的实验结果。

(5) 按公式计算 As(Ⅲ)的含量,以 μg·mL^{-1} 表示并与加入 As(Ⅲ)溶液的标准值比较。

思 考 题

1. 库仑分析法的原理是什么?
2. 库仑分析法的前提条件是什么?
3. 库仑分析法根据什么公式进行定量计算?
4. 写出库仑滴定反应及各电极上的电极反应式。

实验 2.7　铁氰化钾和菲琨的循环伏安行为

一、实验目的

(1) 学习固体电极表面的处理方法。
(2) 掌握循环伏安法的实验原理、实验参数的确定、实验数据的处理及分析。
(3) 了解可逆扩散波和可逆吸附波的性质,掌握循环伏安仪的使用技术。

二、实验原理

循环伏安法(Cyclic Voltammetry，CV)是在固定面积的工作电极和参比电极之间加上对称的三角波扫描电压(图2–14)，记录工作电极上得到的电流与施加电位的关系曲线，即循环伏安图(图2–15)。

在三角波的前半部，电极上若发生还原反应(阴极过程)，记录到一个峰形的阴极波；而在三角波的后半部，电极上若发生氧化反应(阳极过程)，记录到一个峰形的阳极波。一次三角波电压扫描，电极上完成一个氧化还原循环。从循环伏安图的波形、氧化还原峰电流的峰值及其比值、峰电位等可以判断电极反应的特性。其可用来检测物质的氧化还原电位、考察电化学反应的可逆性和反应机理、判断产物的稳定性、研究活性物质的吸附和脱附现象，也可用于反应速率的半定量分析等。

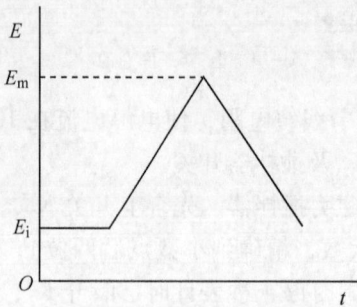

图2–14　三角波扫描电压

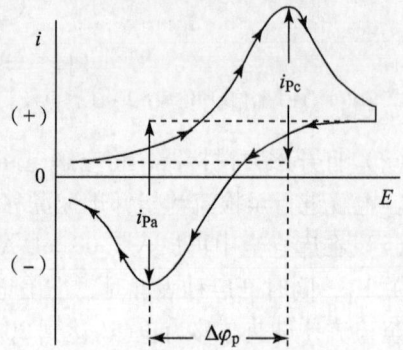

图2–15　循环伏安图（i–E曲线）

一次扫描过程中完成一个氧化和还原过程的循环的方法，称为循环伏安法。与汞电极相比，物质在固体电极上伏安行为的重现性差，这与固体电极的表面状态直接有关，因而了解固体电极表面处理的方法和衡量电极表面被净化的程度，以及测算电极有效表面积的方法，是十分重要的。一般对这类问题要根据固体电极材料的不同而采取适当的方法。

循环伏安法控制电极电位 φ 随时间 t 变化，从 φ_i 线性变化增大(或减小)至某电位 φ_t 后，以相同速率线性减小(或增大)归到最初电位 φ_i。

假如电位从 φ_i 开始以扫描速度 v 向负方向扫描，置 φ_i 较 φ^{θ}(研究电极的标准电极电位)正得多，开始时没有法拉第电流，当电位移向 φ^{θ} 附近时，还原电流出现并逐渐增大，电位继续负移时，由于电极反应主要受界面电荷传递动力学控制，电流进一步增大，当电位负移到足够负，达到扩散控制电位后，电流则转至受扩散过程限制而衰减，使 i–E 曲线上出现电流峰 i_{pc}，对应的峰电位为 φ_{pc}。当电流衰减到某一程度，电位达到 φ_t 后，反向扫描，则原来在电极上的还原产物成为被氧化的电化学活性物质，若研究的电化学反应是可逆反应，类似前向扫描原理，在较 φ 稍正的电位下形成氧化电流峰 i_{pa} 及对应的峰电位 φ_{pa}。对于固体电极，溶液中有氧化态物质(O)时，其在电极上被还原生成还原态 R，即

$$O + ne \rightarrow R$$

而回扫时 R 被氧化成 O，即

$$R \rightarrow O + ne$$

循环伏安图的几个重要参数为：阳极峰电流(i_{pa})、阴极峰电流(i_{pc})、阳极峰电位(E_{pa})、阴极峰电位(E_{pc})。对于可逆反应，阴、阳极峰电位的差值见式(2-34)：

$$\Delta E_p = E_{pa} - E_{pc} \approx 59 \text{ mV}/Z \tag{2-34}$$

峰电位与扫描速度无关。峰电流见式(2-35)：

$$i_p = 2.69 \times 10^5 n^{3/2} A D_0^{1/2} v^{1/2} C_0 \tag{2-35}$$

式(2-35)中，i_p为峰电流(A)；n为电极反应的电子转移数；A为电极面积(cm^2)；D_0为扩散系数($cm^2 \cdot s^{-1}$)；v为扫描速度($V \cdot s^{-1}$)；C_0为浓度($mol \cdot L^{-1}$)。由此可见，i_p与$v^{1/2}$和C都是直线关系。

对于可逆的电极反应，有式(2-36)成立：

$$i_{pa} \approx i_{pc} \tag{2-36}$$

电极反应的可逆性主要取决于电极反速率常数的大小，还与电位的扫描速率有关。电极反应可逆性判据列于表2-5。

表2-5　电极反应可逆性判据

说明　　可逆性 性质	可逆电荷跃迁 $O + ne \rightleftharpoons R$	准可逆	不可逆 $O + ne \longrightarrow R$
电响应性质	E_p与v无关 25℃时，$\Delta E_p = \dfrac{59}{n}$ mV	E_p随v移动，低v时， ΔE_p接近$\dfrac{60}{n}$ mV， 但随着v而增加， ΔE_p接近不可逆	v增加10倍，ΔE_p移 向阴极化$\dfrac{30}{\alpha n}$ mV
电流函数性质	$(i_p/v^{1/2})$与v无关	$(i_p/v^{1/2})$与v无关	$(i_p/v^{1/2})$与v无关
阳极电流与阴极电流比的性质	$i_{pa}/i_{pc} \approx 1$，与v无关	仅在$\alpha = 0.5$时， $i_{pa}/i_{pc} \approx 1$	反扫时没有氧化电流

表2-5中的判据仅限于扩散波，及峰电流与扫描速度的平方$v^{1/2}$根成正比的体系。

对于反应物吸附在电极上的可逆吸附波，理论上其循环伏安图上、下、左、右对称，峰后电流将至基线，其峰电流表示为式(2-37)：

$$i_p = \frac{(nF)^2}{4RT} A \Gamma v \tag{2-37}$$

式(2-37)中，A为电极的有效面积；Γ为电活性物质在电极上的吸附量；v为扫描速度($V \cdot s^{-1}$)。可见峰电流i_p与v成正比，而不是扩散波所见到的与$v^{1/2}$成正比。

因而，对于一个电活性物质，要判断其反应活性是否可逆，首先需要根据峰电流和扫描速率的关系判断所得的循环伏安图是扩散波还是吸附波，然后再根据相应的判据进行判断。

本实验拟通过研究$K_3[Fe(CN)_6]$和菲琨(化学结构如图2-16所示)两种电活性物质在不同扫描速率下，在玻璃电极上的电化学反应，了解可逆扩散波和可逆吸附波的性质。

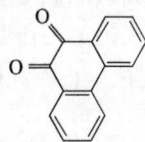

图2-16　菲琨的化学结构

铁氰化钾离子$[Fe(CN)_6]^{3-}$、亚铁氰化钾离子$[Fe(CN)_6]^{4-}$

氧化还原电对的标准电极电位为：

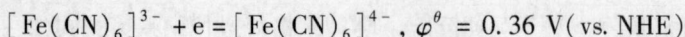

$$\left[Fe(CN)_6 \right]^{3-} + e = \left[Fe(CN)_6 \right]^{4-}, \varphi^{\theta} = 0.36\ V(vs.\ NHE)$$

电极电位与电极表面活度的能斯特方程见式(2-38)：

$$\varphi = \varphi + \frac{RT}{F}\ln\frac{C_{Ox}}{C_{Red}} \qquad (2-38)$$

在一定扫描速率下，从起始电位正向扫描到转折电位期间，溶液中 $\left[Fe(CN)_6 \right]^{4-}$ 被氧化生成 $\left[Fe(CN)_6 \right]^{3-}$，产生氧化电流；当负向扫描从转折电位变到原起始电位期间，在指示电极表面生成的 $\left[Fe(CN)_6 \right]^{3-}$ 被还原生成 $\left[Fe(CN)_6 \right]^{4-}$，产生还原电流。为了使液相传质过程只受扩散控制，应在加入电解质和溶液处于静止状态下进行电解。

三、仪器与试剂

1. 仪器

（1）CHI660B 电化学工作站；

（2）电解池；

（3）铂丝辅助电极；

（4）饱和甘汞电极作参比电极；

（5）玻碳电极（$d=3\ mm$）为工作电极；

（6）超声波清洗器；

（7）100 mL 容量瓶；

（8）50 mL 烧杯；

（9）玻璃棒；

（10）洗瓶；

（11）滴管。

2. 试剂

（1）固体铁氰化钾；

（2）H_2SO_4 溶液；

（3）蒸馏水；

（4）$2.0 \times 10^{-5}\ mol \cdot L^{-1}$ 菲琨水溶液。

四、实验步骤

1. 铁氰化钾溶液的循环伏安图

准确配制 5 mmol·L^{-1} 铁氰化钾溶液（含 0.1 mol·L^{-1} H_2SO_4），倒适量该溶液于电解池中。将玻碳电极用抛光粉（Al_2O_3 粉末，粒径为 0.3 μm）抛光后，再用去离子水超声清洗干净。依次接上工作电极、参比电极和辅助电极。开启电化学系统及计算机电源开关，其用电化学程序，在菜单中依次选择"Setup""Technique""CV""Parameter"，输入表 2-6 所示的参数。

表2-6 循环伏安参数设置

Init E（V）	0.8	Segment	2
High E（V）	0.8	Sample Interval（V）	0.001
Low E（V）	0	Quiet Time（s）	2
Scan Rate（V·s^{-1}）	0.02	Sensitivity（A/V）	$2e^{-5}$

点击"Run"键开始进行扫描，将实验图存盘后记录氧化还原峰位 E_{pc}、E_{pa} 及峰电流 i_{pc}、i_{pa}，改变扫描速度为 $0.05~V·s^{-1}$、$0.1~V·s^{-1}$ 和 $0.2~V·s^{-1}$，分别做循环伏安图，将4个循环伏安图叠加、打印。

2. 菲琨溶液的循环伏安图

配制 10.0 mL 含 $0.1~mol·L^{-1}~H_2SO_4$ 的 $2.0\times10^{-6}~mol·L^{-1}$ 菲琨溶液。将玻碳电极用抛光粉（Al_2O_3 粉末，粒径为 0.3 μm）抛光后，再用去离子水超声清洗干净。将工作电极在菲琨溶液中浸泡 10 min，选择起始电位为 0.6 V，终止电位为 -0.2 V，"Sensitivity（A/V）"为 $5e^{-6}$，其他操作条件同铁氰化钾溶液的循环伏安图，选择 $0.01~V·s^{-1}$、$0.02~V·s^{-1}$、$0.05~V·s^{-1}$、$0.1~V·s^{-1}$ 四个不同的扫描速率分别做循环伏安图，将4个循环伏安图叠加、打印。

五、数据处理

（1）由以上所做的循环伏安图分别求出 E_{pa}、E_{pc}、ΔE_P、i_{Pc}、i_{Pa} 和 i_{Pc}/i_{Pa} 的值，并列表表示。

（2）绘制铁氰化钾溶液的 i_{Pa} 和 i_P 分别与 $v^{1/2}$ 的关系曲线，并计算所使用的玻碳电极的有效使用面积（所用参数：电子转移数 $n=1$，$K_3[Fe(CN)_6]$ 的扩散系数 $D_0=7.6\times10^{-6}~cm^2·s^{-1}$，25℃）。

（3）绘制菲琨溶液的 i_{Pa} 和 i_P 分别与 $v^{1/2}$、v 的关系曲线。观察扫描速率对 ΔE_P 的影响。

（4）所有实验数据用 Origin 软件在电脑上处理，处理后的结果打印后附于实验报告中。

思 考 题

1. 实验前电极表面为什么要处理干净？
2. 扫描过程为什么要保持溶液静止？

实验2.8 用阳极溶出伏安法测定水样中的痕量铜和镉的含量

一、实验目的

（1）掌握阳极溶出伏安法的基本原理。
（2）熟悉用阳极溶出伏安法测定水中痕量铜、铅、镉的方法。

二、实验原理

伏安分析法包括阳极溶出伏安法和阴极溶出伏安法。阳极溶出伏安法是一种将富集和测定结合在一起的电化学方法。此法先将待测金属离子在一定的电压条件下富集于工作电极，然后将电压由从负到正的方向扫描，使还原的金属从电极上氧化溶出，并记录溶出时的伏安曲线（氧化波），如图 2 – 17 所示，根据氧化波的高度或面积确定被测物的含量。

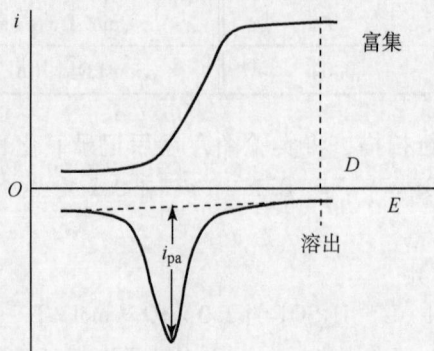

图 2 – 17　阳极溶出伏安曲线

阳极溶出伏安法的全过程可表示为：

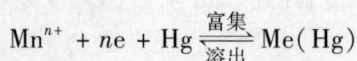

$$Mn^{n+} + ne + Hg \underset{溶出}{\overset{富集}{\rightleftharpoons}} Me(Hg)$$

溶出是富集的逆过程，但富集是缓慢的积累，溶出是突然的释放，因而作为信号的法拉第电流大大增加，从而提高测定的灵敏度。

通常将汞膜电极作为工作电极，采用非化学计量的富集法，即无须使溶液中全部待测离子都富集在工作电极上，这样可以缩短富集时间，加快分析速度。由于待测组分经过预先的富集，在溶出时迅速氧化，使检测信号（溶出峰电流）迅速增加，因此阳极溶出伏安法有较高的灵敏度。

影响峰电流大小的因素主要有富集电位、预电解的时间、搅拌的速度、电极的面积、电极的位置、溶出时电位的扫描速度等，所以必须使测定的各种条件保持一致。

商品化的溶出伏安仪均采用自动控制阴极（阳极）电位的三电极体系，即在常用电解池中除了阳极和阴极外，增加一个参比电极，组成三电极体系。

用标准曲线法和标准加入法，均可进行定量测定。标准加入法的计算公式为

$$c_x = \frac{h \cdot c_s \cdot V_s}{H(V_x + V_s) - h_x V_x} \tag{2 – 39}$$

式（2 – 39）中，c_x 为试样的浓度；h_x 为试样的溶出峰高；H 为加入标准溶液后的溶出峰高；c_s 为所加标准液的浓度；V_s 为所加标准液的体积；V_x 为试样的体积。

若加入标准溶液的体积非常小，式（2 – 39）可以简化为式（2 – 40）计算浓度：

$$c_x = \frac{h \cdot c_s \cdot V_s}{(H - h_x) V_x} \tag{2 – 40}$$

因此伏安分析法有较高的灵敏度。

本实验以 HAc – NaAc 为支持电解质（pH = 5.6），以玻碳汞膜电极为工作电极，以 Ag – AgCl 电极为参比电极，以 Pt 电极为辅助电极，在 – 1.2 V 处富集，然后溶出，根据峰高及溶出电位，可对铜、铅、镉同时进行定性定量测量。

三、仪器和试剂

1. 仪器

（1）电化学分析仪；

（2）玻碳汞膜电极、Pt 辅助电极、Ag – AgCl 电极三电极体系；

（3）电磁搅拌器；

（4）电解杯（100 mL 高形烧杯）；

（5）25 mL 移液管；

（6）1 mL 吸量管；

（7）氮气瓶。

2. 试剂

（1）10 $\mu g \cdot mL^{-1}$ Cu^{2+} 标准溶液；

（2）10 $\mu g \cdot mL^{-1}$ Cd^{2+} 标准溶液；

（3）HAc – NaAc 缓冲溶液：2 $mol \cdot L^{-1}$ HAc 95 mL 和 2 $mol \cdot L^{-1}$ NaAc 905 mL 混合均匀；

（4）0.01 $mol \cdot L^{-1}$ $HgSO_4$ 溶液；

（5）试样溶液：约含 0.02 $\mu g \cdot mL^{-1}$ Cu^{2+} 和 0.2 $\mu g \cdot mL^{-1}$ Cd^{2+} 水样。

四、实验步骤

（1）玻碳汞膜电极的制备。

于电解杯中加入 25 mL 二次蒸馏水和数滴 $HgSO_4$ 溶液，将玻碳电极抛光洗净后浸入溶液中，以玻碳电极为工作电极，以 Pt 电极为辅助电极，控制阴极电位 – 1.0 V，通氮气搅拌，电镀 5~10 min 即得玻碳汞膜电极。

（2）连接好仪器，参考以下参数，设定富集电位、富集时间、静止时间、扫描速度、扫描范围、氧化清洗电位及时间等：

①富集电位：1.2 V；

②富集时间：30 s；

③扫描速度：100 $mV \cdot s^{-1}$；

④扫描范围：– 1.2 ~ +0.1 V；

⑤氧化清洗电位及时间：0.1 V，30 s。

（3）水样的测定。

①准确移取 25.00 mL 水样于电解杯中，加入 0.5 mL HAc – NaAc 缓冲液，将玻碳汞膜电极、Pt 辅助电极、Ag – AgCl 电极和通气搅拌管浸入溶液中，调节适当的氮气流量，并使之稳定。按仪器说明运行仪器，由记录仪记录溶出伏安曲线。Cd^{2+} 先溶出，Cu^{2+} 后溶出。将富集和溶出过程至少重复一次，以获得稳定的溶出伏安曲线。

②准确移取 25.00 mL 水样于电解杯中，依次加入 0.4 mL 10 $\mu g \cdot mL^{-1}$ Cd^{2+} 标准溶液、0.1 mL 10 $\mu g \cdot mL^{-1}$ Cu^{2+} 标准溶液、0.5 mL HAc – NaAc 缓冲液，按照步骤（1）的测定条件运行仪器，由记录仪记录溶出伏安曲线。将富集和溶出过程至少重复几次，以获得稳定的溶出伏安曲线。

五、数据及处理

（1）记录实验条件。

（2）根据峰值电流及标准加入法公式，计算水样中 Cd^{2+}、Cu^{2+} 的质量浓度，以 $\mu g \cdot mL^{-1}$ 表示。得到各金属离子的峰高 h，再加入混合标准溶液 0.5 mL，再次测定，得到各金属离子加入标准溶液后的峰高 H。

电极的处理如下：

（1）玻碳汞膜电极的操作条件要求严格，电极表面的处理与沾污对波谱影响很大，故经常用无水酒精、氨水或酒精 – 乙酸乙酯(1∶1)混合液擦拭，必要时应抛光表面。

（2）玻碳汞膜电极表面抛光在抛光布轮上进行，抛光材料最好用 MgO 或 $CaCO_3$。条件不允许时亦可用牙膏在绒布上抛光。抛光后一定要在 2 $mol \cdot L^{-1}$ HCl 中浸泡，然后在 1 $mol \cdot L^{-1} NH_3 \cdot H_2O$ + 1 $mol \cdot L^{-1} NH_4Cl$ 中处理。

（3）Ag – AgCl 电极的处理：氯化前用药棉擦去污粉，擦净银电极表面，用蒸馏水冲洗干净。以银电极为阳极，以铂电极为阴极，外加 0.5 V 电压，在 0.1 $mol \cdot L^{-1}$ HCl 溶液中氯化，使银电极表面逐渐呈暗灰色，即得 Ag – AgCl 电极。为使制备的电极性能稳定，可再以银电极为阴极，以铂电极为阳极，外加 1.5 V 电压，使 Ag – AgCl 电极还原，表面变白，然后再氯化，如此反复几次，即成。

思 考 题

1. 结合本实验说明阳极溶出伏安法的原理。
2. 说明阳极溶出伏安法为什么有较高的灵敏度。
3. 为了获得在线的溶出峰，实验时应注意什么？

第三章
分子光谱分析实验

3.1 紫外-可见分光光度法

紫外-可见分光光度法，又称紫外吸收光谱法，它研究分子吸收波长在 190.0 ~ 1 100.0 nm范围内的吸收光谱。紫外吸收光谱主要产生于分子价电子在电子能级间的跃迁，该方法是研究物质电子光谱的分析方法。通过测定分子对紫外光的吸收，可以对大量的无机物和有机物进行定性和定量测定。它是有机分析中一种常用的方法，具有仪器设备简单、操作方便、灵敏度高的特点，已广泛应用于有机化合物的定性、定量和结构鉴定。朗伯-比尔定律是定量分析的理论依据。

任何一种分光光度计，就其结构而言，基本上都由五部分组成，即光源、单色器、样品吸收池、检测器、记录系统。

紫外-可见分光光度计主要可归纳为 5 种类型：单光束分光光度计、双光束分光光度计、双波长分光光度计、多通道分光光度计和探头式分光光度计。

现以双光束紫外-可见分光光度计说明紫外分光光度计的构造原理，如图 3-1 所示。

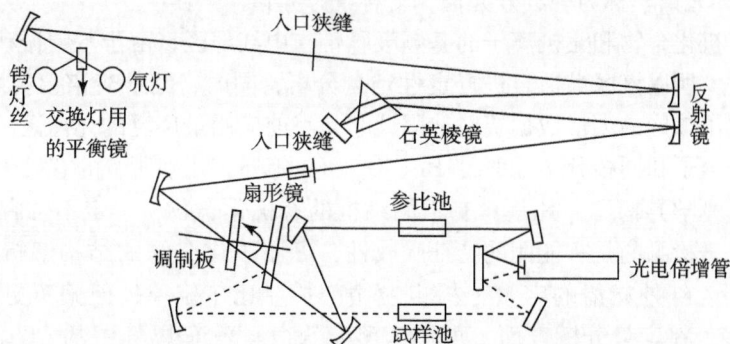

图 3-1 双光束紫外-可见分光光度计光程原理

由光源(钨丝灯或氘灯，根据波长而变换使用)发出的光经入口狭缝及反射镜反射至石英棱镜或光栅，色散后经过出口狭缝而得到所需波长的单色光束，然后由反射镜反射至由马达转动的调制板及扇形镜上。当调制板以一定的转速旋转时，时而使光束通过，时而挡住光束，因而调制成一定频率的交变光束。之后扇形镜在旋转时，将此交变光束交替地投射到参比溶液(空白溶液)及试样溶液上，后面的光电倍增管接受通过参比溶液及为试样溶液所减弱的交变光通量，并使之转变为交流信号。此信号被适当放大并被解调器分离及整流。以电位器自动平衡此两直流信号的比率，并用记录器所记录并绘制吸收曲线。现代仪器装有外接计算机，通过软件控制仪器操作和处理测量数据，并装有屏幕显示器、打印机和绘图仪等。

紫外－可见分光光度计常用光源如下：

（1）可见区：钨丝灯或碘钨灯，波长范围为 320～3 200 nm。

（2）紫外区：氢灯或氘灯，波长范围为 200～375 nm。

紫外－可见分光光度计的吸收池，也称为比色皿或液槽等。玻璃制比色皿不适合作紫外分析之用，这是由于玻璃对波长小于 300 nm 的电磁波产生强烈的吸收，所以，作紫外分析时，一般采用石英比色皿。

吸收池的洗涤：吸收池经常盛装有色溶液和有机物，洗涤吸收池一般先用盐酸－乙醇（1＋2）洗涤液浸泡，再用水清洗。要特别注意测定完毕后尽快用水洗净，否则一旦着色很难洗净。注意：不可用铬酸洗液洗涤比色皿。

在一般实验中，所用的几个吸收池的吸光度之差不能大于 0.005。吸收池在使用过程中要注意保护透明光面，避免擦伤或被硬物划伤，操作时要手触毛玻璃面。装液不要太满，以防止溶液溢出腐蚀分光光度计，一般装入 3/4 容积即可，然后用滤纸轻轻擦去外部的溶液，再用镜头纸（折叠为四层使用，切勿搓成团）擦至透明，即可放入吸收池架内测量。石英吸收池价格较高，使用时要特别小心，以防损坏。

3.2 红外吸收光谱法

3.2.1 原理

分子吸收红外光，由分子振动、转动发生能级的跃迁（基态 $V=0$ 至第一振动能级 $V=1$，即 $\Delta V=1$）产生的光谱，称为中红外光谱，简称红外光谱。

绝大多数有机化合物和无机离子的基频吸收带在中红外区，由于基频振动是红外光谱中吸收最强的振动，所以该区最适合进行定性定量分析，同时，红外光谱仪技术成熟、简单，而且目前已积累了该区的大量数据资料，因此它是目前应用最广泛的光谱区。

除了单原子分子和同核分子如 Ne、He、O_2、H_2 等外，几乎所有的有机化合物在红外区都有吸收；除了光学异构体，凡是具有不同结构的有机化合物，一定不会有相同的红外光谱。红外吸收光谱检测的是官能团的特征吸收性，可用于化合物的结构解析。红外光谱主要用于定性分析。红外光谱的定量分析也遵循朗伯－比尔定律，但偏离更多，准确度不高，故应用不多。在定量分析方面，可用于测定大气、汽车尾气中的 CO、CO_2，水中的油分等。

任何一种红外光谱仪，就其结构而言，基本上都由五部分组成，即光源、单色器、吸收池（样品池）、检测器、记录系统。目前多采用傅里叶变换红外光谱仪。

1. 光源：提供红外辐射

（1）硅碳棒：由碳化硅烧结而成，工作温度为 1 200℃～1 400℃，发光面积大，价格便宜，操作方便。其使用波长范围较能斯特灯宽。

（2）能斯特灯：由混合的稀土金属（锆、钍、铈）氧化物制成，工作温度为 1 750℃。其使用寿命长，稳定性好，在短波范围使用比硅碳棒有利，但其价格较贵，操作不如硅碳棒方便。

2. 吸收池（样品池）

分析气体时用气体池；分析液体时用液体池；分析固体时用固体支架。各类吸收池都有盐窗片。最常用的是 KBr 压片，因为 KBr 在 4 000 ~ 400 cm^{-1} 光区不产生吸收，因此可绘制全波段光谱图。使用中要注意防潮。也可用 KI、KCl、NaCl 等。

3. 单色器

单色器的功能是把通过样品池和参比池而进入入射狭缝的复合光色散成单色光，再射到检测器上加以测量。单色器有两种：

（1）棱镜：早期的红外光谱仪主要用棱镜。

（2）光栅：目前多用光栅，其分辨率高，价格便宜。

4. 检测器

（1）高真空热电偶：其是色散型红外分光光度计中常用的检测器。热电偶两端点由于温度不同产生温差热电势，让红外光照射热电偶的一端，此时，两端点间的温度不同，产生电势差，在回路中有电流通过。电流大小随红外光的强弱而变化，试样吸收红外光，引起电流大小的改变。热电偶密封在一个高真空的玻璃容器内。

（2）热释电检测器：其是傅里叶变换红外光谱仪中的常用检测器。其用硫酸三甘肽（简称 TGS）的单晶薄片作为检测元件。其特点是响应速度快，能实现高速扫描。

3.2.2　样品的制备

（1）气体试样：使用气体池，先将池内空气抽走，然后吸入待测气体试样。

（2）液体样品：采用液膜法或液体池法。

①液膜法：把 1 滴纯液体夹在两块岩盐片之间，借助固紧螺丝得到 0.001 ~ 0.05 mm 的厚度。

②液体池法：将液体样品溶在适当的红外用溶剂中，如 CS_2、CCl_4 等，然后注入液体池中进行测定。

（3）固体样品：压片法、石蜡糊法、薄膜法。

①压片法：

a. 用玛瑙研钵将干燥的 KBr 晶体块研成粉末，使粒径小于 2 μm，压片。

b. 将 KBr 和样品(100∶1)混合研细。

c. 用压片机将 KBr 与样品混合物压成透明薄片。制得的晶片必须无裂痕，局部无发白现象，如同玻璃般透明，否则应重新制作。晶片局部发白，表示压制的晶片厚薄不匀；晶片模糊，表示晶片吸潮，水在 3 450 cm^{-1} 和 1 640 cm^{-1}。

d. 把制好的晶体片装入固体样品支架，开机并作红外图谱。开机及参数设置见"仪器简介"。

②石蜡糊法：把细粉状样品与石蜡油混合成糊状，压在两个岩盐片之间进行测谱。

③薄膜法：主要用于高分子化合物的测定，通常将样品热压成膜，或将样品溶解在沸点低、易挥发的溶剂中，然后倒在玻璃板上，待溶剂挥发后成膜，直接测定。

（4）试样制备的注意事项：

①试样的浓度和测试厚度应选择适当，以使光谱图中大部分吸收峰的透射比处于15% ~ 70% 范围内。浓度太低，厚度太小，会使一些弱的吸收峰和光谱的细微部分不能显示出来；浓度过高，厚度过大，又会使强的吸收峰超越标尺刻度而无法确定它的真实位置。

②试样中不应含有游离水。水分不仅侵蚀吸收池的盐窗，而且水分本身在红外区有吸收，将使测得的红外图变形。

③试样应该是单一组分的纯物质。多组分试样在测定前应尽量预先进行组分分离（如采用色谱法、精密蒸馏、重结晶、区域熔融法等），否则各组分光谱相互重叠，以致无法对谱图进行正确的解释。

3.3　荧光光谱法

分子具有不同的能级，电子处于不同的能级中。通常情况下分子的电子处于最低的能级状态，即基态，用 S_0 表示。当光照射到分子上时，电子被激发，从低能级跃迁到高能级，即激发态，用 S_1，S_2，…表示。高能级的电子不稳定，通过辐射跃迁和非辐射跃迁失去能量返回基态，而荧光就是激发态的分子和原子返回基态过程中放射出来的一种光能。若被光照射激发的是分子，发出的是分子荧光。

不同物质的激发光谱和荧光发射光谱不同；同一物质，其他条件相同而浓度不同时，其荧光强度不同。

（1）荧光激发光谱：固定荧光发射波长和狭缝宽度扫描，得到荧光激发波长和相应荧光强度关系的曲线，即荧光激发光谱。

（2）荧光发射光谱：固定荧光激发波长和狭缝宽度扫描，得到荧光发射波长和相应荧光强度关系的曲线，即荧光发射光谱。

荧光光谱仪的组成有光源、单色器（滤光片或光栅）、液池、检测器和显示器。荧光光谱仪与紫外－可见分光光度计有两点不同：①有两个单色器；②检测器与激发光互成直角。

光源发出的光经第一单色器(激发光单色器)，得到所需要的强度为 I_0 的激发光波长，通过液池，部分光线被荧光物质吸收，荧光物质被激发后，向四面八方发射荧光，为了消除入射光及杂散光的影响，荧光的测量在与激发光成直角的方向。经过第二单色器(荧光单色器)，将所需要的荧光与可能共存的其他干扰光分开。荧光照在检测器上，光信号变成电信号，经放大后，由记录仪记录。

1. 光源

光源发出所需波长范围内的连续光谱，有足够的光强度，稳定。

（1）可见光区：钨灯，碘钨灯(波长 320 ~ 2 500 nm)；

（2）紫外区：氢灯，氘灯(波长 180 ~ 375 nm)；

（3）氙灯：紫外、可见光区均可用作光源。

2. 单色器

荧光光谱仪用滤光片作单色器，荧光光谱仪只能用于定量分析。

大多数荧光光谱仪采用两个光栅单色器，有较高的分辨率，能扫描图谱，既可获得激发光谱，又可获得荧光光谱。

（1）第一单色器的作用：分离出所需要的激发光，选择最佳激发波长 λ_{ex}，用此激发光激发液池内的荧光物质。

（2）第二单色器的作用：滤掉一些杂散光和杂质所发射的干扰光，用来选择测定用的荧光波长 λ_{em}。在选定的 λ_{em} 下测定荧光强度，进行定量分析。

3. 样品池

样品池盛放测定溶液，通常是石英材料的方形池，四面都透光，只能用手拿棱或最上边。

4. 检测器

检测器把光信号转化成电信号，放大，直接转成荧光强度。

荧光的强度一般较弱，要求检测器有较高的灵敏度，荧光光谱仪采用光电倍增管。

荧光光谱法比红外吸收光谱法具有高得多的灵敏度，这是因为荧光强度与激发光强度成正比，提高激发光强度可大大提高荧光强度。

5. 读出装置

记录仪记录或打印机打印出结果，扫描激发光谱和发射光谱。

实验 3.1 用邻二氮菲分光光度法测定铁

一、实验目的

（1）学习分光光度分析实验条件的选择。
（2）掌握用邻二氮菲分光光度法测定铁的原理和方法。
（3）掌握分光光度计的结构和正确的使用方法。
（4）练习吸量管的基本操作。

二、实验原理

在光度分析中，若被测组分本身颜色很浅或者无色，一般需先选择适当的显色剂与其反应使之生成有色化合物，然后再进行测定。为了使测定有较高的灵敏度、选择性和准确度，必须选择适宜的显色反应条件和吸光度测量条件。通常所研究的显色反应条件有溶液的酸度、显色剂用量、显色时间、温度、溶剂以及共存离子的干扰等；吸光度测量的条件主要有测量波长、吸光度范围和参比溶液的选择等。本实验通过邻二氮菲测定铁，介绍分光光度法分析实验条件的确定。

条件试验的简单方法是：变动某实验条件，固定其余条件，测得一系列吸光度值，绘制吸光度－某实验条件的曲线，根据曲线确定某实验条件的适宜值或适宜范围。

用分光光度法测定铁时，显色剂比较多，有邻二氮菲及其衍生物、磺基水杨酸、硫氰酸盐和 5 - Br - PADAP 等。邻二氮菲分光光度法由于灵敏度较高，稳定性好，干扰容易消除，因而是目前普遍采用的一种测定方法。

在 pH 值 2~9 的范围内，Fe^{2+} 离子与邻二氮菲反应生成稳定的橘红色配合物，反应式如图 3-2 所示。

该配合物的最大吸收波长 $\lambda_{max} = 508$ nm，摩尔吸

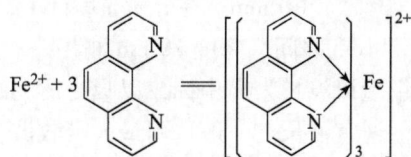

图 3-2 Fe^{2+} 离子与邻二氮菲的反应式

光系数 $\varepsilon_{508} = 1.1 \times 10^4 \ L \cdot mol^{-1} \cdot cm^{-1}$，$\lg K_{稳} = 21.3$。

由于 Fe^{3+} 离子与邻二氮菲也生成 3:1 淡蓝色配合物，因此，显色前应预先用盐酸羟胺将 Fe^{3+} 全部还原为 Fe^{2+}，反应式如下：

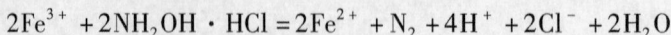

$$2Fe^{3+} + 2NH_2OH \cdot HCl = 2Fe^{2+} + N_2 + 4H^+ + 2Cl^- + 2H_2O$$

测定时，控制溶液酸度在 pH 值为 5 左右较为适宜。酸度高时，反应进行较慢；酸度太低时，Fe^{2+} 离子水解影响显色。

本测定方法不仅灵敏度高、生成的配合物稳定性好，选择性也很高，相当于含铁量 40 倍的 Sn^{2+}、Al^{3+}、Ca^{2+}、Mg^{2+}、Zn^{2+}、SiO_3^{2-}，含铁量 20 倍的 Cr^{3+}、Mn^{2+}，含铁量 5 倍的 Co^{2+}、Cu^{2+} 等均不干扰测定，是测定铁的一种较好且灵敏的方法。

三、仪器和试剂

1. 仪器

（1）722（或 721）型分光光度计；

（2）pH 计或精密 pH 试纸；

（3）50 mL 容量瓶 8 个（或比色管 8 支）。

2. 试剂

（1）100 $\mu g \cdot mL^{-1}$ 的铁标准贮备液：准确称取 0.863 4 g 分析纯 $NH_4Fe(SO_4)_2 \cdot 12H_2O$，置于烧杯中，用 20 mL 6 $mol \cdot L^{-1}$ 的 HCl 溶液和适量水溶解后，定量转移至 1 L 容量瓶中，以水稀释至刻度，摇匀。

（2）10 $\mu g \cdot mL^{-1}$ 的铁标准溶液：由铁标准贮备液稀释配制，用移液管吸取 100 $\mu g \cdot mL^{-1}$ 的铁标准贮备液 10 mL 于 100 mL 容量瓶中，加入 2 mL 6 $mol \cdot L^{-1}$ 的 HCl 溶液，以水稀释至刻度，摇匀。此溶液即含铁 10 $\mu g \cdot mL^{-1}$ 的工作溶液。

（3）邻二氮菲水溶液：1.5 $g \cdot L^{-1}$ 水溶液。

（4）盐酸羟胺溶液（10 $g \cdot L^{-1}$，用时现配）。

（5）1 $mol \cdot L^{-1}$ 的 NaAc 溶液。

（6）1 $mol \cdot L^{-1}$ 的 NaOH 溶液。

四、实验步骤

1. 条件试验

1）吸收曲线的绘制

用吸量管吸取 2 mL 1.00 $\times 10^{-3}$ $mol \cdot L^{-1}$ 的标准铁溶液于 50 mL 容量瓶（或比色管，下同）中，加入 10 mL 10 $g \cdot L^{-1}$ 的盐酸羟胺溶液，摇匀（原则上每加入一种试剂后都要摇匀）。再加入 2 mL 1.5 $g \cdot L^{-1}$ 的邻二氮菲溶液、5 mL 1 $mol \cdot L^{-1}$ 的 NaAc 溶液，以水稀释至刻度，摇匀。放置 10 min。在分光光度计上，用 1 cm 比色皿，以蒸馏水为参比溶液，在波长 450 nm 到 550 nm 之间，每隔 10 nm 测量一次（接近吸收峰时可隔 5 nm 测量一次）吸光度。然后在坐标纸上以波长为横坐标，以吸光度为纵坐标，绘制 $A - \lambda$ 吸收曲线，从吸收曲线上选择测定铁的适宜波长。一般选用最大吸收波长 λ_{max}。

2）显色剂用量的确定

取 7 个 50 mL 容量瓶，各加入 2 mL 1.00 $\times 10^{-3}$ $mol \cdot L^{-1}$ 的标准铁溶液和 1 mL 10 $g \cdot$

L^{-1}的盐酸羟胺溶液，摇匀。分别加入0.1 mL、0.3 mL、0.5 mL、0.8 mL、1.0 mL、2.0 mL及4.0 mL 1.5 g·L^{-1}的邻二氮菲溶液，然后加入5 mL 1.00×10^{-3} mol·L^{-1}的NaAc溶液，用蒸馏水稀释至刻度，摇匀。放置10 min，在分光光度计上，用1 cm的比色皿，选择适宜的波长，以蒸馏水为参比，分别测其吸光度。在坐标纸上以加入的邻二氮菲毫升数为横坐标，以相应的吸光度为纵坐标，绘制 $A \sim V_{显色剂}$ 曲线，以确定测定过程中应加入的显色剂的最佳体积。

3）溶液酸度的影响

取8个50 mL容量瓶，各加入2 mL 1.00×10^{-3} mol·L^{-1}的标准溶液，及1 mL 10 g·L^{-1}的盐酸羟胺溶液，摇匀。再加2 mL 1.5 g·L^{-1}的邻二氮菲溶液，摇匀。用5mL吸量管分别加入0 mL、0.2 mL、0.5 mL、1 mL、1.5 mL、2 mL、2.5 mL、3 mL 1 mol·L^{-1}的NaOH溶液，以蒸馏水稀释至刻度，摇匀。放置10 min，在选定的波长，用1 cm的比色皿，以蒸馏水为参比，测其吸光度，用精密pH试纸或pH计测量各溶液的pH值。在坐标纸上以pH值为横坐标，以相应的吸光度为纵坐标，绘制 $A \sim pH$ 曲线，找出测定铁的适宜pH范围。

4）显色时间及配合物的稳定性

取一个50 mL容量瓶，加入2 mL 1.00×10^{-3} mol·L^{-1}的标准铁溶液、1 mL 10 g·L^{-1}的盐酸羟胺溶液，摇匀。加入2 mL 1.5 g·L^{-1}的邻二氮菲溶液、5 mL 1.00×10^{-3} mol·L^{-1}的NaAc溶液，以蒸馏水稀释至刻度，摇匀。立即在所选定的波长下，用1 cm的比色皿，以蒸馏水为参比，测定吸光度，然后测量放置5 min、10 min、15 min、20 min、30 min、1 h、2 h的相应吸光度。以时间为横坐标，以吸光度为纵坐标在坐标纸上绘制 $A \sim t$ 曲线，从曲线上观察显色反应完全所需的时间及其稳定性，并确定合适的测量时间。

由上述各项条件的试验结果，确定适宜样品测定的实验条件。

2. 铁含量的测定

1）标准曲线的绘制

在6个50 mL的容量瓶中，用10 mL吸量管分别加入0 mL、2 mL、4 mL、6 mL、8 mL、10 mL 10 μg·mL^{-1}的铁标准溶液，各加入1 mL 10 g·L^{-1}的盐酸羟胺溶液，摇匀。再加入2 mL 1.5 g·L^{-1}的邻二氮菲溶液和5 mL 1 mol·L^{-1}的NaAc溶液，以蒸馏水稀释至刻度，摇匀。放置10 min。以试剂空白为参比，在510 nm或所选波长下，用1 cm的比色皿，测定各溶液的吸光度。在坐标纸上以含铁量为横坐标，以相应吸光度为纵坐标，绘制标准曲线。

2）试液含铁量的测定（可与标准曲线的制作同时进行）

准确吸取适量试样溶液代替标准溶液，其他步骤同上，测定其吸光度。根据未知溶液的吸光度，在标准曲线上找出相应的铁含量，计算试液中铁的含量（以 mg·L^{-1}表示）。

思 考 题

1. 在本实验中，各种试剂溶液的量取，采用何种量器较为合适？为什么？

2. 在本实验中，盐酸羟胺的作用是什么？醋酸钠的作用？

3. 根据条件试验，用邻二氮菲分光光度法测定铁时，需控制哪些反应条件？试对所做条件试验进行讨论并选择适宜的测量条件。

4. 为什么本实验可以采用蒸馏水作参比溶液？

5. 怎样用分光光度法测定水样中的全铁和亚铁的含量？

实验 3.2　用分光光度法测定邻二氮菲-铁（Ⅱ）配合物的组成和稳定常数

一、实验目的

（1）掌握用分光光度法测定配合物组成的原理方法。
（2）掌握用分光光度法测定配合物稳定常数的原理方法。

二、实验原理

分光光度法除应用于被测组分的定量分析外，还被广泛地应用于配位反应平衡的研究，如配合物的组成和稳定常数的测定等。本实验以邻二氮菲与铁（Ⅱ）的配位反应为例，介绍用分光光度法测定配合物组成及稳定常数的原理和方法。

当溶液中只存在一种配合物时，可采用摩尔比法和等摩尔连续变化法测定配合物的组成，进而计算其稳定常数。由于该法简单，因而应用极为广泛。

设金属离子 M 和配位剂 R 在特定 pH 值条件下，只形成一种配合物 MR_n：

$$M + nR = MR_n$$

式中，n 为配合物的配位数。

1. 摩尔比法

固定金属离子的浓度 C_M 及其他条件，只改变配位剂的浓度 C_R，配制一系列 C_R/C_M 不同的显色液，在配合物的最大吸收波长处，采用相同的比色皿测量各溶液的吸光度，并对 C_R/C_M 作图，如图 3-3 所示。将曲线的线性部分延长相交于一点，该点对应的 C_R/C_M 值即配位数 n。摩尔比法适用于稳定性高的配合物组成测定。

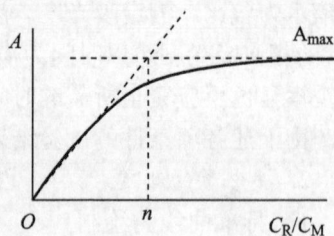

图 3-3　摩尔比法

2. 等摩尔连续变化法

此法保持溶液中配位剂和金属离子的总浓度之和（$C_R + C_M$）不变，连续改变 C_R/C_M，配制系列溶液。测量系列溶液的吸光度，并对 $C_M/(C_R + C_M)$ 作图，如图 3-4 所示。曲线转折点对应的 C_R/C_M 值即配位数 n。

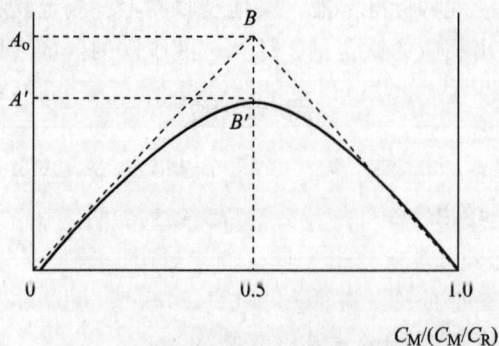

图 3-4　等摩尔连续变化法

等摩尔连续变化法适用于配位数低、稳定性较高的配合物组成的测定。此外，其还可用来测定配合物的不稳定常数。图 3-4 中 B 点对应的吸光度 A_0 相当于配合物完全不解离时溶液应有的吸光度，由于配合物解离，实测吸光度为 A'，则配合物的解离度 α 及条件稳定常数 K' 分别见式（3-1）和式（3-2）：

$$\alpha = \frac{A_0 - A'}{A_0} \tag{3-1}$$

$$K' = \frac{c(1-a)}{c^2 a^2} = \frac{1-a}{ca^2} \tag{3-2}$$

三、仪器及试剂

1. 仪器

（1）721 型（或 722 型）分光光度计；

（2）容量瓶（50 mL）；

（3）比色皿（1 cm）；

（4）吸量管（1 mL、2 mL、5 mL、10 mL）。

2. 试剂

（1）铁标准溶液：1×10^{-3} mol·L^{-1}，由铁标准贮备液稀释配制；

（2）邻二氮菲水溶液：1×10^{-3} mol·L^{-1} 水溶液；

（3）盐酸羟胺溶液（10 g·L^{-1}，用时现配）；

（4）1 mol·L^{-1} 的 NaAc 溶液。

四、实验步骤

1. 配合物组成的测定（摩尔比法）

取 8 只 5 mL 容量瓶，各加入 2 mL 1.00×10^{-3} mol·L^{-1} 的标准铁溶液、1 mL 10 g·L^{-1} 盐酸羟胺溶液，摇匀。依次加入 1.0×10^{-3} mol·L^{-1} 的邻二氮菲溶液 1.0 mL、1.5 mL、2.0 mL、2.5 mL、3.0 mL、3.5 mL、4.0 mL、4.5 mL，然后各加 5 mL 1 mol·L^{-1} 的 NaAc 溶液，用蒸馏水稀释至刻度，摇匀。放置 10 min，在所选用的波长下，用 1 cm 的比色皿，以蒸馏水为参比，测定吸光度。

以邻二氮菲与铁的浓度比 C_R/C_{Fe} 为横坐标，以吸光度 A 为纵坐标作图，根据曲线两部分延长线的交点位置，确定 Fe^{2+} 离子与邻二氮菲反应的络合比。

2. 配合物稳定常数的测定（等摩尔连续变化法）

取 12 只 50 mL 容量瓶，各分别加入 1.00×10^{-3} mol·L^{-1} 的标准铁溶液 5 mL、4.5 mL、4.0 mL、3.5 mL、3.0 mL、2.5 mL、2.0 mL、1.8 mL、1.5 mL、1.2 mL、1.0 mL、0.5 mL，加入 1 mL 10 g·L^{-1} 的盐酸羟胺溶液，再依次加入 1×10^{-3} mol·L^{-1} 的邻二氮菲 5 mL、5.5 mL、6.0 mL、6.5 mL、7.0 mL、7.5 mL、8.0 mL、8.2 mL、8.5 mL、8.8 mL、9.0 mL、9.5 mL，然后各加入 5 mL 1 mol·L^{-1} 的 NaAc 溶液，用水稀释至刻度，摇匀。放置 10 min，在所选用的波长处，用 1 cm 比色皿，以蒸馏水或各自的试剂溶液为参比，测量各溶液的吸光度。

以邻二氮菲与铁的浓度比 $C_{Fe}/(C_R + C_{Fe})$ 为横坐标，以吸光度 A 为纵坐标作图，确定计算配合物的离解度及条件稳定常数。

思 考 题

1. 采用等摩尔连续变化法测定配合物的稳定常数的原理是什么？
2. 在什么条件下，才可以用摩尔比法测定配合物的组成？

实验 3.3   不同极性溶剂中苯及苯的衍生物紫外吸收光谱的测定

一、实验目的

（1）通过对苯和苯的衍生物紫外吸收光谱的测绘，了解不同的助色团对苯的吸收光谱的影响。
（2）掌握分光光度计的结构和正确的使用方法。
（3）练习吸量管的基本操作。

二、实验原理

具有不饱和结构的有机化合物，特别是芳香族化合物，在近紫外区（波长 200～400 nm）有特征吸收，这为鉴定有机化合物提供了有用的信息。方法是比较未知物与纯的已知化合物在相同条件（溶剂、浓度、pH、温度等）下绘制的吸收光谱，或将绘制的未知物的吸收光谱与标准谱图（如 Sadtler 紫外光谱图）比较，如果两者一致，说明它们的生色团和分子母核可能是相同的。苯在波长 230～270 nm 出现的精细结构是其特征吸收峰（B 带），中心在波长 254 nm 附近，其最大吸收峰常随苯环上不同的取代基而发生位移。溶剂的极性对有机物的紫外吸收光谱有一定的影响。溶剂极性增大，$n-\pi^*$ 跃迁产生的吸收带发生紫移，而 $\pi-\pi^*$ 跃迁产生的吸收带发生红移。

三、仪器及试剂

1. 仪器
（1）普析通用型紫外–可见分光光度计（配两只 1.0 cm 带盖石英吸收池）；
（2）5 mL 具塞比色管 13 支；
（3）1 mL 吸量管 6 支；
（4）0.1 mL 吸量管 2 支。
2. 试剂
所用试剂均为分析纯。
（1）苯；
（2）乙醇；
（3）环己烷；
（4）丁酮；
（5）0.1 mol·L^{-1} HCl 溶液；
（6）0.1 mol·L^{-1} NaOH 溶液；

（7）苯的环己烷溶液（1 + 250）；

（8）甲苯的环己烷溶液（1 + 250）；

（9）苯酚的环己烷溶液（0.3 mg·mL^{-1}）；

（10）苯甲酸的环己烷溶液（0.8 mg·mL^{-1}）；

（11）苯胺的环己烷溶液（1 + 3 000）；

（12）苯酚的水溶液（0.4 mg·mL^{-1}）；

（13）几种异亚丙基丙酮溶液，分别用水、氯仿、正己烷配成0.4 mg·mL^{-1}的溶液。

四、实验内容

1. 苯以及苯的一取代物的紫外吸收光谱的测绘

在石英吸收池中，加入两滴苯，加盖，用手心温热吸收池下方片刻，在紫外 – 可见分光光度计上，相对石英吸收池，在220～330 nm处进行波长扫描，得到吸收光谱。

在5支5 mL具塞比色管中，分别加入苯、甲苯、苯酚、苯甲酸、苯胺的环己烷溶液0.40 mL，用环己烷稀释至刻度，摇匀。在带盖的石英吸收池中，以环己烷为参比溶液，在220～330 nm范围内进行波长扫描，得到吸收光谱。

观察吸收光谱的图形，确定其λ_{max}，分析各取代基使苯的λ_{max}移动的情况及原因。

2. 溶剂性质对紫外吸收光谱的影响

（1）溶剂极性对$n - \pi^*$跃迁的影响：在3支5 mL具塞比色管中，各加入0.01 mL丁酮，分别用水和乙醇稀释至刻度，摇匀。用石英吸收池，以相应溶剂为参比液，在220～330 nm范围内进行波长扫描，得到吸收光谱。比较吸收光谱λ_{max}的变换，并简单解释之。

（2）溶剂极性对$\pi - \pi^*$跃迁的影响：在3支5 mL具塞比色管中，依次加入0.10 mL分别用水、氯仿和正己烷配制的异亚丙基丙酮溶液，并分别用水、氯仿和正己烷稀释至刻度，摇匀。用石英吸收池，以相应溶剂为参比液，在220～330 nm范围内进行波长扫描，得到吸收光谱。比较吸收光谱λ_{max}的变换，并简单解释之。

（3）溶剂的酸碱性对苯酚吸收光谱的影响：在两只5 mL具塞比色管中，各加入苯酚的水溶液0.20 mL，分别用0.1 mol·L^{-1}的HCl溶液、0.1 mol·L^{-1}的NaOH溶液稀释至刻度，摇匀。用石英吸收池，以水为参比溶液，在220～330 nm范围内进行波长扫描，得到吸收光谱。比较吸收光谱λ_{max}的变化，并简单解释之。

（4）溶剂的酸碱性对苯胺吸收光谱的影响：实验操作同上。

思 考 题

1. 分子中哪类电子的跃迁将有可能产生紫外吸收光谱？

2. 为什么溶剂极性增大，$n - \pi^*$跃迁产生的吸收带发生紫移，而$\pi - \pi^*$跃迁产生的吸收带则发生红移？

实验3.4　合金钢中铬、锰的定性分析

一、实验目的

（1）了解吸光度加和性原理。

（2）掌握混合物光度法同时测定技术。

二、方法原理

本实验利用不同物质对光的吸收具有选择性的特征和吸光度加和性原理，实现合金钢中铬和锰的同时测定。$Cr_2O_7^{2-}$ 和 MnO_4^- 的吸收光谱曲线如图 3 – 5 所示。

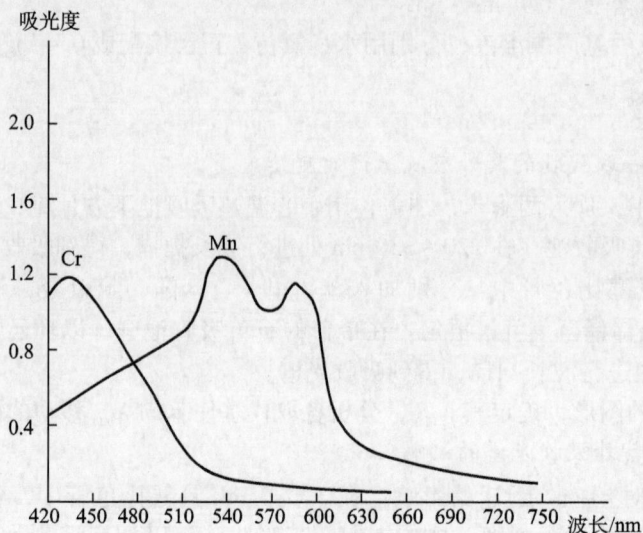

图 3 – 5　$Cr_2O_7^{2-}$ 和 MnO_4^- 的吸收光谱曲线

三、仪器与试剂

1. 仪器

（1）722 型分光光度计；

（2）50 mL 容量瓶 7 只；

（3）250 mL 容量瓶 1 只；

（4）5 mL 移液管 4 支；

（5）烧杯 100 mL1 只，50 mL 烧杯 3 只；

（6）250 mL 锥形瓶 1 个；

（7）10 mL 量筒各 1 个；

（8）酒精灯 3 个；

（9）三脚架 3 个；

（10）石棉网 3 个。

2. 试剂

（1）Cr 标准溶液：准确称取 $K_2Cr_2O_7$ 1.414 4 g，溶解后，稀释至 500 mL，此溶液含铬 1.00 $mg \cdot mL^{-1}$；

（2）Mn 标准溶液：准确称取 $MnC_2O_4 \cdot H_2O$ 0.832 4 g，溶于浓硫酸中，逐渐加水，稀释至 500 mL，此溶液含锰 0.50 $mg \cdot mL^{-1}$；

（3）H_3PO_4：比重为 1.70，浓度为 85%；

(4) 浓 H_2SO_4、浓 HNO_3、$K_2S_2O_8$(过硫酸钾)、KIO_4(高碘酸钾);

(5) 0.1 mol·L^{-1} $AgNO_3$。

所用试剂均为分析纯。

四、分析步骤

1. 吸光系数的测定

(1) 用移液管分别吸取标准 $K_2Cr_2O_7$ 溶液 3.00 mL、4.00 mL、5.00 mL 于 50 mL 容量瓶中,各加入 2.5 mL 浓 H_2SO_4 和 2.5 mL 85% 的 H_3PO_4,稀释至刻度,摇匀,分别在 440 nm 及 545 nm 波长处测定各份溶液的吸光度,计算 $Cr_2O_7^{2-}$ 溶液在 440 nm 及 545 nm 波长处的吸光系数。

(2) 用移液管分别吸取 Mn 标准溶液 1.00 mL、2.00 mL、3.00 mL 于 50 mL 烧杯中,各加入 2.5 mL 浓 H_2SO_4 和 2.5 mL 85% 的 H_3PO_4,将溶液稀释至约 35 mL,加入 0.5 g KIO_4,加热至沸,维持沸点约 5 min,冷却,将此溶液移入 50 mL 容量瓶中,稀释至刻度,摇匀,分别在 440 nm 及 545 nm 波长处测定各份溶液的吸光度,计算 MnO_4^- 溶液在 440 nm 及 545 nm 波长处的吸光系数。

2. 合金钢中铬和锰的同时测定

取约 1 g 钢样,于 100 mL 烧杯中,加入 40 mL 水、10 mL 浓 H_2SO_4 和 3 mL 85% 的 H_3PO_4,缓缓加热,直至钢样完全分解;稍冷,加入 2 mL 浓 HNO_3,煮沸,使碳化物完全分解,并除去 NO_2,冷却溶液,转移至 250 mL 容量瓶中,稀释至刻度,摇匀。

用移液管吸取钢样溶液 1.00 mL 于 100 mL 烧杯中,加入 2.5 mL 浓 H_2SO_4 和 2.5 mL 85% 的 H_3PO_4,将溶液稀释至约 35 mL,并加入 0.1 mol·L^{-1} 的 $AgNO_3$ 溶液 5~7 滴,及 3 g $K_2S_2O_8$,不断搅拌溶液,并缓缓加热,直至所有的盐完全溶解,加热至沸并维持沸点 5~7 min,取下稍冷,加入 0.3 g KIO_4,不断搅拌溶液,加热至沸腾,维持沸点 5 min,将溶液取下冷却,转移到 50 mL 容量瓶中,稀释至刻度,摇匀。

将溶液倒入吸收池中,用蒸馏水作空白,在 440 nm 及 545 nm 波长处测定其吸光度,并计算出铬和锰的含量。

五、结果处理

铬和锰的含量根据实验数据按下式解联立方程组求得:

$$A_{440}^{Cr+Mn} = A_{440}^{Cr} + A_{440}^{Mn} = K_{440}^{Cr}C^{Cr} + K_{440}^{Mn}C^{Mn} \tag{3-3}$$

$$A_{545}^{Cr+Mn} = A_{545}^{Cr} + A_{545}^{Mn} = K_{545}^{Cr}C^{Cr} + K_{545}^{Mn}C^{Mn} \tag{3-4}$$

由式(3-3)导出:

$$C^{Mn} = (A_{440}^{Cr+Mn} - K_{440}^{Cr}C^{Cr})/K_{440}^{Mn} \tag{3-5}$$

将式(3-5)代入式(3-4),则得到式(3-6):

$$C^{Cr} = \frac{K_{440}^{Mn}A_{545}^{Cr+Mn} - K_{545}^{Mn}A_{440}^{Cr+Mn}}{K_{545}^{Cr}K_{440}^{Mn} - K_{545}^{Mn}K_{440}^{Cr}} \tag{3-6}$$

思 考 题

双波长分光光度法测定混合组分的依据是什么?

实验 3.5　有机物红外光谱的测绘及结构分析

一、实验目的

(1) 掌握用液膜法制备液体样品的方法。

(2) 掌握用溴化钾压片法制备固体样品的方法。

(3) 学习并掌握傅里叶变换红外光谱仪的使用方法，初步学会对红外吸收光谱图的解析。

二、实验原理

基团的振动频率和吸收强度与组成基团的相对原子质量、化学键类型及分子的几何构型等有关。因此根据红外吸收光谱的峰位、峰强、峰形和峰的数目，可以判断物质中可能存在的某些官能团，进而推断未知物的结构。如果分子比较复杂，还需结合紫外光谱、核磁共振谱以及质谱等手段作综合判断。还可通过与未知样品在相同测定条件下得到的标准样品谱图或已发表的标准谱图(如 Sadtler 红外光谱图等)进行比较分析，作出进一步的证实。

三、仪器及试剂

1. 仪器

(1) 傅里叶变换红外光谱仪；

(2) 可拆式液池；

(3) 压片机；

(4) 玛瑙研钵；

(5) 氯化钠盐片；

(6) 聚苯乙烯薄膜；

(7) 红外灯。

2. 试剂

(1) 苯甲酸(分析纯，于80℃下干燥24 h，存于保干器中)；

(2) 溴化钾(色谱纯，于130℃下干燥24 h，存于保干器中)；

(3) 无水乙醇(分析纯)；

(4) 苯胺(分析纯)；

(5) 乙酰乙酸乙酯(分析纯)；

(6) 四氯化碳(分析纯)。

四、实验内容

(1) 波数检验：将聚苯乙烯薄膜插入红外光谱仪的试样安放处，在 $4\ 000 \sim 600\ cm^{-1}$ 范围内进行扫描，得到吸收光谱。

(2) 测绘无水乙醇、苯胺、乙酰乙酸乙酯的红外吸收光谱——液膜法：取两片氯化钠盐片，用四氯化碳清洗其表面并晾干。在一盐片上滴 $1 \sim 2$ 滴无水乙醇，用另一盐片压于其上，装入可拆式液池架中。然后将液池架插入红外光谱仪的试样安放处，在 $4\ 000 \sim$

600 cm^{-1}范围内进行扫描，得到吸收光谱。用同样的方法得到苯胺、乙酰乙酸乙酯的红外吸收光谱。

（3）测绘苯甲酸的红外吸收光谱——溴化钾压片法：取 2 mg 苯甲酸，加入 100 mg 溴化钾粉末，在玛瑙研钵中充分磨细（颗粒约为 2 μm），使之混合均匀，并将其在红外灯下烘 10 min 左右。在压片机上压成透明薄片。将夹持薄片的螺母装入红外光谱仪的试样安放处，在 4 000～600 cm^{-1}范围内进行扫描，得到吸收光谱。

（4）未知有机物的结构分析：从指导老师处领取未知有机物样品。用液膜法或溴化钾压片法测绘未知有机物的红外吸收光谱。

五、结果处理

（1）将测得的聚苯乙烯薄膜的吸收光谱与其标准谱图对照。对 2 850.7 cm^{-1}、1 601.4 cm^{-1}及 906.7 cm^{-1}的吸收峰进行检验。在 4 000～2 000 cm^{-1}范围内，波数误差不大于 ±10 cm^{-1}；在 2 000～650 cm^{-1}范围内，波数误差不大于 ±3 cm^{-1}。

（2）解析无水乙醇、苯胺、苯甲酸、乙酰乙酸乙酯的红外吸收光谱图，并指出各谱图上主要吸收峰的归属。

（3）观察羟基的伸缩振动在乙醇和苯甲酸中有何不同。

（4）根据指导老师给定的未知有机物的化学式及红外吸收光谱上的吸收峰位置，推断未知有机物可能的结构式。

六、说明

（1）氯化钠盐片易吸水，取盐片时需带上指套。扫描完毕，应用浸有四氯化碳的棉球清洗盐片，并立即将盐片放回保干器内保存。

（2）盐片装入可拆式液池架后，螺丝不宜拧得过紧，否则会压碎盐片。

思 考 题

1. 在含氧有机化合物中，如在 1 900～1 600 cm^{-1}区域中有强吸收谱带出现，能否判定分子中有羟基存在？

2. 羟基的伸缩振动在乙醇及苯甲酸中为何不同？

实验3.6　用荧光分析法测定饮料中的奎宁

一、实验目的

（1）了解荧光分析法的基本原理，掌握荧光分析法的实验技术。
（2）掌握用荧光分析法测定饮料中的奎宁的方法。

二、实验原理

奎宁（$C_{20}H_{24}N_2O_2$，$M = 324.43$ g·mol^{-1}）是从金鸡纳树皮中提取出来的生物碱，多年来一直被用作抗疟疾药品。奎宁尽管不是治疗疟疾的药物，却能够减轻疟疾的症状，通常的药用形式是二盐酸奎宁或二水合硫酸奎宁，二水合硫酸奎宁的分子形式为$(C_{20}H_{24}N_2O_2)_2 \cdot H_2SO_4 \cdot 2H_2O$，$M = 782.94$ $g \cdot mol^{-1}$。奎宁的基本结构如图3-6所示。

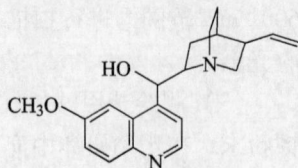

图3-6 奎宁的基本结构

在稀盐酸溶液中，奎宁具有很强的荧光，据此可以检测痕量的奎宁。在$0.05 \ mol \cdot L^{-1}$的H_2SO_4溶液中，奎宁有两个激发峰，分别位于250 nm和350 nm波长处，荧光发射峰位于450 nm波长处。

三、仪器及试剂

1. 仪器

（1）F-4500型荧光分光光度计（日本Hitachi公司）；

（2）25 mL比色管；

（3）分度吸量管。

2. 试剂

（1）$0.05 \ mol \cdot L^{-1}$的H_2SO_4溶液；

（2）奎宁储备液（100 $\mu g \cdot mL^{-1}$）：称量120 mg二水合硫酸奎宁或100 mg奎宁，以$0.05 \ mol \cdot L^{-1}$的H_2SO_4溶液溶解并定容于1 000 mL容量瓶，避光保存，使用时，以$0.05 \ mol \cdot L^{-1}$的H_2SO_4溶液稀释成10.0 $\mu g \cdot mL^{-1}$的工作液。

四、实验内容

（1）奎宁标准溶液的配制：向一系列25 mL容量瓶中准确加入0.25 mL、0.5 mL、1.0 mL、1.5 mL、2.0 mL、2.5 mL 10.0 $\mu g \cdot mL^{-1}$的奎宁工作液，以$0.05 \ mol \cdot L^{-1}$的H_2SO_4溶液定容。在选定的波长激发，测量波长450 nm处的荧光强度，制作标准工作曲线。

（2）检测限的测定：取上述第一份奎宁标准溶液，以$0.05 \ mol \cdot L^{-1}$的H_2SO_4溶液按照10倍逐级稀释，直至获得的荧光值与$0.05 \ mol \cdot L^{-1}$的H_2SO_4溶液的值相当。该浓度即硫酸奎宁溶液的检测限。

（3）饮料中奎宁浓度的测定：从指导教师处领取配制好的硫酸奎宁溶液（60~80 $\mu g \cdot mL^{-1}$），以$0.05 \ mol \cdot L^{-1}$的H_2SO_4溶液稀释一定倍数。在标准工作曲线条件下测定其荧光强度，并从标准工作曲线获得其准确浓度。

五、数据处理

（1）以荧光强度为纵坐标，以奎宁的浓度为横坐标制作校准曲线，并获得线性拟合方程以及相关系数。

（2）计算奎宁的检测限。

（3）计算未知样品中奎宁的浓度。

思 考 题

1. 如何找到激发波长？

2. 荧光光谱仪与分光光度计的结构及操作有何异同？

第四章

原子光谱分析实验

原子光谱是由于原子的外层电子在不同能级之间跃迁而产生的，由于原子能级是量子化的，故原子光谱是线状光谱。

4.1 原子发射光谱分析法

4.1.1 原理

原子发射光谱：处于激发态的原子不稳定，当返回基态或较低能态时会发射特征谱线。

原子发射光谱分析法是根据待测物质的气态原子或离子受激发后所发射的特征光谱的波长及其强度来测定物质中元素组成和含量的分析方法，一般简称为发射光谱分析法。

原子发射光谱仪与其他光谱仪的不同点是：试样本身就是个辐射源，所以不用外加辐射源，样品池则是火焰、电弧、火花或等离子体，它们既是样品容器，又为样品蒸发、解离或激发提供能量，使样品发射特征辐射。

光谱定性分析的基本原理是：不同元素的原子，由于结构不同，发射谱线的波长也不同，即每一种元素的原子都有它自己的特征光谱线。光谱分析就是检测元素的特征光谱线是否出现，鉴别某种元素。

光谱定量分析的基本原理是：在一定条件下，这些特征光谱线的强度与试样中该元素的含量有关，通过测量元素特征光谱线的强度，可以测定元素的含量。

发射光谱分析：使试样在外界能量的作用下转变为气态原子，并使气态原子的外层电子激发至高能态。在激发态原子从较高能级跃迁到基态或其他较低能级的过程中，原子释放出多余的能量而发射出特征谱线。记录得光谱图。根据所得的光谱图进行光谱定性分析或定量分析。

4.1.2 原子发射光谱仪的组成

原子发射光谱仪由激发光源、分光系统、检测器、信号显示系统组成。原子发射光谱仪的基本组成如图 4 - 1 所示。

样品池（光源）——→ 单色器 ——→ 检测器 ——→ 信号显示系统

图 4 - 1 原子发射光谱仪的基本组成

1. 激发光源

激发光源提供使分析物质蒸发和激发发光所需的能量。一个好光源必须具有灵敏度高、稳定性好、样品的结构及组分的影响小、分析线性范围宽、应用广泛等优点。原子发射光谱分析的波段范围与原子能级有关，一般为 $200 \sim 850$ nm，近几年由于分光测光系统的改进，仪器的波长范围已扩展到 $120 \sim 1 050$ nm。

经典光源如下：

（1）直流电弧：激发温度为 $4 000 \sim 7 000$ K，电极温度较高，阳极温度可达 $3 800$ K，试样易蒸发、灵敏度高，但稳定性差，适用于定性分析，是经典光源中电极温度（蒸发温度）最高的。

（2）交流电弧：电极温度比直流电弧低，但弧焰温度高，稳定性好，适于光谱定量分析。

（3）高压火花：激发温度（弧焰温度）为 $20 000 \sim 40 000$ K，适用于难激发元素，离子线出现得也较多。其放电稳定，再现性好，适用于光谱定量分析。但由于电极温度较低，其对难蒸发元素的灵敏度不高，是经典光源中激发温度（弧焰温度）最高的。

（4）火焰也是常用的激发光源，并已发展成为一门独立的分析技术，称为火焰光度法。其设备简单、方法快速稳定，适用于直接分析溶液样品。但由于火焰温度较低，其主要用于测定碱金属等容易蒸发和激发的元素，是经典光源中稳定性最好的。

（5）电感耦合等离子体（ICP）是溶液分析中最有希望的光源。高频感应焰炬比化学火焰具有更高的温度，蒸发激发能力强，灵敏度高，化学干扰小，背景小，线形范围宽，非常适合分析液体样品，是很有前途的一种新光源。

分光系统的作用是将激发试样所获得的复合光，分解为按波长顺序排列的单色光。常用的分光元件有棱镜和光栅两类。

2. 检测器

在原子发射光谱中，被检测的信号是元素的特征辐射，常用的检测方法有目视法、摄谱法和光电法。原子发射光谱的检测方法示意如图 4 – 2 所示。

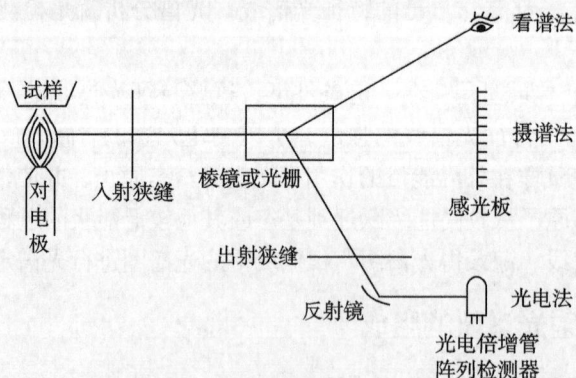

图 4 – 2　原子发射光谱的检测方法示意

1）目视法

目视法是用眼睛观察试样中元素的特征谱线或谱线组，比较谱线强度的大小以确定试样的组成和含量。工作波段为可见光区（$400 \sim 700$ nm），常用的仪器称为看谱镜，它是一种小型简易的光谱仪，主要用于合金钢、有色金属合金的定性和半定量分析。

2）摄谱法

摄谱法是用感光板来记录光谱。

感光板主要由感光层和片基组成，感光层又称乳剂层，由感光物质(记录影像)、明胶和增感剂组成。将感光板放置在分光系统的焦面处，接受被分析试样的光谱作用而感光(摄谱)，再经显影、定影等操作制得光谱底片，光谱底片上有许多距离不等、黑度不同的光谱线，然后在映谱仪上观察谱线的位置及大致强度，进行定性和半定量分析；在测微光度计上测量谱线的强度，进行定量分析。

感光板上谱线的黑度与曝光量有关。曝光量越大，谱线越黑。

曝光量(H)等于照度(E)与曝光时间的乘积，也等于曝光时间与谱线强度的乘积：

$$H = Et = Kit \tag{4-1}$$

谱片变黑后的透光度 T 见式(4-2)：

$$T = \frac{i}{i_0} \tag{4-2}$$

谱线变黑的程度称为黑度(S)，黑度与透光度 T 之间的关系见式(4-3)：

$$S = \lg \frac{1}{T} = \lg \frac{i}{i_0} \tag{4-3}$$

图4-3所示为谱线黑度示意。摄谱法的定量分析就是根据测量谱线的黑度，计算求得待测元素的含量。

3) 光电法

光电法利用光电倍增管作光电转换元件，把代表谱线强度的光信号转换成电信号，然后由电表显示出来，或进一步把电信号转换为数字显示出来。

光电倍增管是目前最常用的精确测量微弱光辐射的一种光电转换元件。

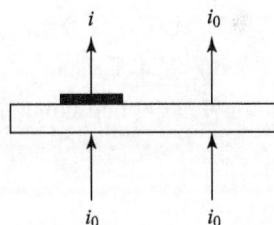

图4-3　谱线黑度示意

光谱仪是能将不同波长的复合光分解为按波长顺序排列的单色光，并能进行观测记录的仪器。

用照相法记录光谱的仪器称为摄谱仪。摄谱仪根据所用色散元件的不同，可以分为棱镜摄谱仪、光栅摄谱仪、干涉分光摄谱仪、光电直读光谱仪(光电法检测)。

4.1.3　光谱定性定量分析

1. 光谱定性分析

不同元素的原子，由于结构不同，发射谱线的波长也不同，即每一种元素的原子都有它自己的特征光谱线。

光谱分析就是检测元素的特征光谱线是否出现，以鉴别某种元素。

试样受激发后产生的光谱线，其波长是由产生跃迁的两能级的能量差决定的：

$$\Delta E = E_2 - E_1 = h\nu = hc/\lambda \tag{4-4}$$

1) 灵敏线

灵敏线是指各元素谱线中激发电位较低，跃迁概率大的谱线(原子线或离子线)。

一般来说，灵敏线多是一些共振线，共振线是由激发态直接跃迁到基态时所辐射的谱线。由最低的激发态(第一激发态)直接跃迁至基态时所辐射的谱线称为第一共振线，其一般也是元素的最灵敏线。

2）最后线

元素谱线的强度随试样中该元素含量的减少而降低，并且在元素含量降低时其中有一部分灵敏度较低、强度较弱的谱线将渐次消失，而元素的灵敏线将在最后消失。最后线是指试样中被测元素浓度逐渐降低时最后消失的谱线。理论上，元素的最后线也就是元素的第一共振线。

3）分析线

在实际工作中，由于某些难以克服的原因或某种实际需要，不能使用该元素的最灵敏线，而选用其他谱线。只要找出一根或几根灵敏线就足够了，这种用于实际定性定量分析的灵敏线称为分析线。

在定性分析时，通常选用3~5条分析线，选择灵敏度高、选择性好的谱线。

光谱定性的分析方法有标准试样光谱比较法和元素光谱图比较法。

2. 光谱半定量分析

其误差一般为30%~300%，在矿石品位鉴定、钢铁合金的分类等方面常常应用。

常用的方法有谱线黑度比较法和谱线呈现法

3. 光谱定量分析

1）基本原理

罗马金（Lomakin）首先提出谱线强度 I 与元素含量 C 之间的关系式：

$$i_{ij} = a \cdot C^b \qquad (4-5)$$
$$\lg i_{ij} = b\lg C + \lg a \qquad (4-6)$$

式（4-5）和式（4-6）中，a 为常数，与样品的组成、蒸发、激发条件有关；b 为自吸系数，当浓度低，无自吸时，$b=1$，浓度升高时产生自吸，$b<1$。

式（4-5）和式（4-6）为光谱定量分析的基本关系式，由于谱线强度受试样的蒸发和激发条件影响很大，实验条件又很难严格控制，故采用此式定量分析的再现性和准确度都较差。

2）内标法

内标法提高了光谱定量分析的再现性和准确度。该方法是选择一个元素，其蒸发条件和分析元素一致，作为内标元素；再选择内标元素的一条谱线，其强度随光源波动的变化与分析线一致，作为内标线。分析线和内标线称为分析线对，以分析线对的强度比的对数对 $\lg C$ 作图，定量公式如下：

$$\lg R = \lg i/i_0 = b\lg C + \lg a \qquad (4-7)$$

若采用摄谱法检测记录光谱，则分析线对的强度比可用谱线的黑度差表示为式（4-8）：

$$\Delta S = \gamma \lg i/i_0 = \gamma b\lg C + \gamma \lg a \qquad (4-8)$$

式（4-8）中 γ 为校正系数。

分析线对的黑度差 ΔS 与谱线相对强度的对数成正比。

最基本的分析方法是三标准试样法。该方法是用三个或三个以上已知不同含量的标样和被分析试样在同一实验条件下在同一感光板上摄谱，由所测得的分析线对的黑度差 ΔS 或 $\lg R$ 对 $\lg C$ 作图，得工作曲线，然后用样品的 ΔS 或 $\lg R$ 在曲线上查含量，如图4-4所示。

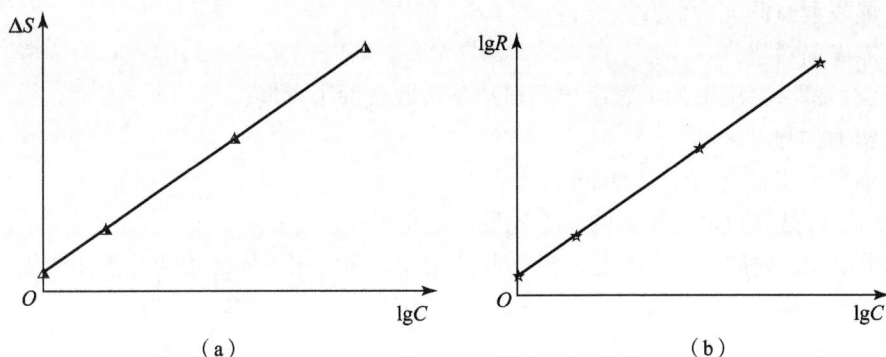

图 4 - 4　原子发射光谱定量分析工作曲线示意

（a）ΔS 对 $\lg C$ 作图；（b）$\lg R$ 对 $\lg C$ 作图

3）光电直读光谱法

测量分析线对积分电容器的充电电压就可直接求出被测元素的含量。

4.2　原子吸收光谱分析法

原子吸收光谱分析法，又称为原子吸收分光光度法，是基于物质产生的基态原子对待测元素特征谱线的吸收作用而进行定量分析的一种方法。

依据试样中待测元素转化为基态原子的方式的不同，原子吸收光谱分析法可分为火焰原子吸收光谱法和无火焰原子吸收光谱法。石墨炉原子吸收、氢化物原子吸收和冷原子吸收均属于无火焰原子吸收光谱法。

4.2.1　火焰原子吸收光谱法

火焰原子吸收光谱法是利用火焰的热能，使试样中待测元素转化为基态原子的方法。常见的火焰为空气 - 乙炔火焰。这种火焰稳定、温度高、背景低、噪声小，其灵敏度可达 10^{-9} g，是用途最广泛的一种火焰。

原子吸收分光光度计的基本组成如图 4 - 5 所示。来自辐射源的光束经过样品池（原子化系统），而后进入单色器（与紫外可见光谱仪中样品池和单色器的位置相反）。

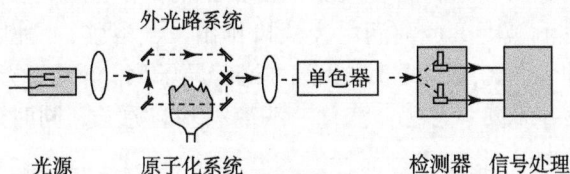

图 4 - 5　双光束原子吸收分光光度计示意

原子吸收光谱：当光辐射通过基态原子蒸气时，原子蒸气选择性地吸收一定频率的光辐射，原子基态跃迁到较高能态。

光源的作用是提供待测元素的特征光谱，以获得较高的灵敏度和准确度。光源应满足如下要求：

（1）能发射待测元素的共振线；

（2）能发射锐线；

（3）发射的共振辐射的半宽度要明显小于吸收线的半宽度；

（4）辐射的强度大；

（5）辐射光强稳定，使用寿命长。

空心阴极灯是符合上述要求的理想光源，应用最广。

空心阴极灯发射的光谱主要是阴极元素的光谱，因此用不同的被测元素作阴极材料，可制成各种被测元素的空心阴极灯。图4-6所示为空心阴极灯的基本构造。

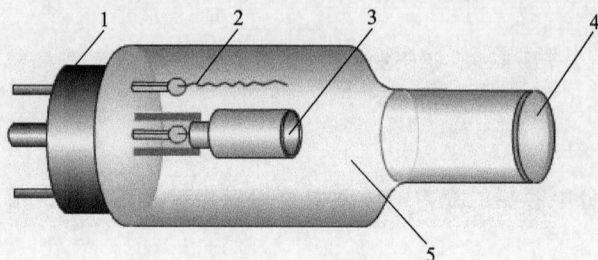

图4-6　空心阴极灯的基本构造

1—灯座；2—阳极；3—空心阴极（内壁为待测金属）；

4—石英窗；5—内充惰性气体（氖或氩）

它的特点如下：

（1）辐射光强度大，稳定，谱线窄，灯容易更换。

（2）每测一种元素需更换相应的灯。

原子化器的功能是提供能量，使试样干燥、蒸发并原子化，产生原子蒸气。对原子化器的基本要求如下：

（1）具有足够高的原子化效率；

（2）具有良好的稳定性和重现性；

（3）操作简单及低的干扰水平。

火焰原子化器的结构如图4-7所示。火焰原子化器由三部分构成：喷雾器、预混合室和燃烧器。当助燃气（空气或N_2O）急速流过毛细管的喷嘴时产生负压，试液被吸入毛细管，并迅速喷射出来，形成雾滴，雾滴随着气流撞击在正前方的撞击球上，分散成更小的雾滴（气溶胶），未分散的雾滴被凝聚成液滴由废液口排出。气溶胶、助燃气和燃气三者在预混合室混合均匀，一起进入燃烧器，试液在火焰中进行原子化。整个火焰原子化的历程为：试液→喷雾→分散→蒸发→干燥→熔融→汽化→解离→基态原子，同时还伴随着电离、化合、激发等副反应。

火焰原子化的优点如下：

（1）结构简单，操作方便，应用较广；

（2）火焰稳定，重现性较好，精密度较高；

（3）基体效应及记忆效应较小。

火焰原子化的缺点如下：

（1）雾化效率低，原子化效率低（一般低于30%）；

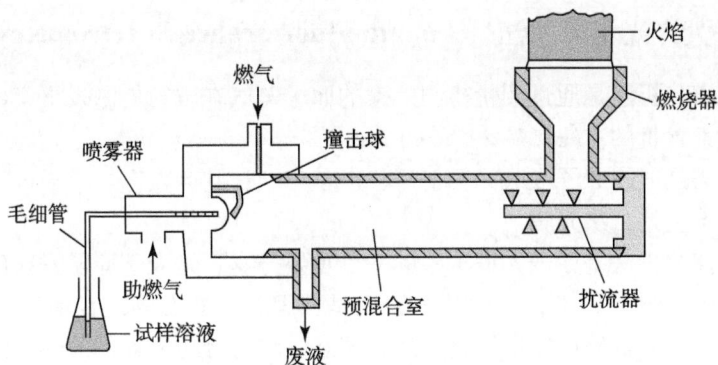

图 4 - 7　预混合火焰原子化器的结构

（2）检测限比非火焰原子化器高；

（3）使用大量载气，起了稀释作用，使原子蒸气浓度降低，也限制其灵敏度和检测限；

（4）某些金属原子易受助燃气或火焰周围空气的氧化作用生成难熔氧化物或发生某些化学反应，这也会降低原子蒸气的密度。

4.2.2　无火焰原子吸收光谱法

无火焰原子吸收光谱法中使用最广泛的是石墨炉原子吸收光谱法，它是利用电能转变的热能，使试样中待测元素转化为基态原子的方法。石墨炉原子吸收光谱法的原子化效率和灵敏度都比火焰原子吸收光谱法高。其灵敏度可达 10^{-14} g，可用于难挥发元素及易形成耐熔氧化物的元素和复杂样品的分析。

无火焰原子吸收光谱法的优点是原子化程度高，试样用量少（1 ~ 100 μL），可测固体及黏稠试样，灵敏度和检测极限高。

无火焰原子吸收光谱法的缺点是精密度差，测定速度慢，操作不够简便，装置复杂。图 4 - 8 所示为石墨炉原子化器的结构。石墨炉原子化器由石墨炉管、炉体、电源和外层冷却装置构成。在石墨管中央开一个进样口，进样口的左右各有一个小口，作为保护石墨管的氩气出入口。炉管长 50 mm，内径为 3 ~ 5 mm。炉管的两侧为石英玻璃窗，共振发射线由炉管的中央通过。炉管温度可达 3 000 ℃，在炉管的两端有冷却水装置。固体或液体试样都可直接进样。固体进样量为十到十几微克，液体进样量为 5 ~ 100 μL。无火焰原

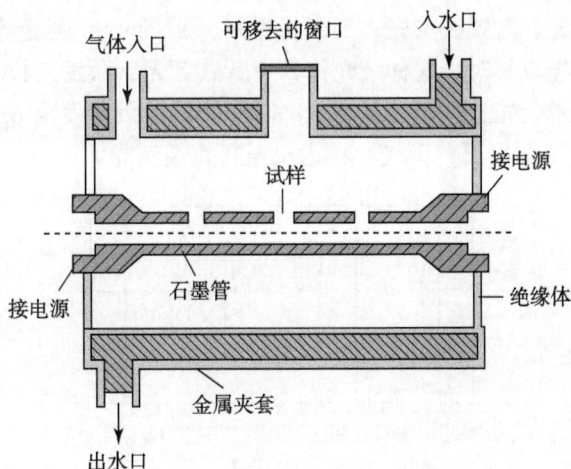

图 4 - 8　石墨炉原子化器的结构

子化历程，通常采用程序升温，一般有干燥、灰化、原子化、清除等程序。

单色器的作用是使被吸收后的锐线光源光束在此分光，去掉杂散光。检测器的作用是检测吸收信号。

4.3 原子荧光光谱分析法（Atomic Fluorescence Spectrometry，AFS）

原子荧光光谱分析法是通过测量待测元素的原子蒸气在辐射能激发下产生的荧光发射强度来测定待测元素含量的方法。

原子荧光光谱是气态原子吸收光辐射后，由基态跃迁到激发态，再通过辐射跃回到基态或较低的能态时产生的二次光辐射。

原子荧光光谱分析法是原子光谱法中的一个重要分支，是介于原子发射(AES)和原子吸收(AAS)之间的光谱分析技术，它的基本原理是：固态、液态样品在消化液中经过高温加热，发生氧化还原、分解等反应后转化为清亮液态，将含分析元素的酸性溶液在预还原剂的作用下，转化成特定价态，还原剂 KBH_4 反应产生氢化物和氢气，在载气（氩气）的推动下氢化物和氢气被引入原子化器（石英炉）中并原子化。特定的基态原子（一般为蒸气状态）吸收合适的特定频率的辐射，其中部分受激发态原子在去激发过程中以光辐射的形式发射出特征波长的荧光，检测器测定原子发出的荧光而实现对元素测定的痕量分析。

4.3.1 原子荧光的类型

原子荧光是一种辐射的去活化(deactivation)过程。原子吸收由一合适的激发光源发射出的特征波长辐射后被激发，接着辐射区活化而发射出荧光。基本上，荧光线的波长和激发线的波长相同，也有可能比激发线的波长长，比激发线波长短的情况也有，但不多。原子荧光可分为三类，即共振荧光、非共振荧光和敏化荧光。在实际得到的原子荧光谱线中，这三种荧光都存在。其中以共振荧光最强，在分析中应用最广。

共振荧光是所发射的荧光和吸收的辐射波长相同，其是原子荧光分析中最常用的一种荧光。

当发射的荧光与激发光的波长不相同时，产生非共振荧光，非共振荧光又分为直跃线荧光、阶跃线荧光、反斯托克斯(anti-Stokes)荧光等，如图4-9所示。激发波长大于产生的荧光波长时，这种荧光称为直跃线荧光；激发波长小于产生的荧光波长时，这种荧光称为阶跃线荧光；电子从基态 E_0 邻近的 E_2 能级激发至 E_3 能级时，其荧光辐射过程可能是由 E_3 回到 E_0 所发出的荧光，称为反斯托克斯荧光。

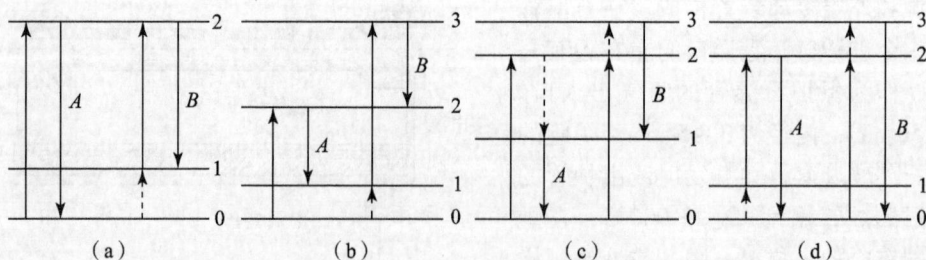

图4-9 几种荧光示意

(a) 共振荧光；(b) 直跃线荧光；(c) 阶跃线荧光；(d) 反斯托克斯荧光

敏化荧光是受光激发的原子与另一种原子碰撞时，把激发能传递给另一个原子并使其激发，后者再以发射形式去激发而发射的荧光。在火焰原子化器中观察不到敏化荧光，在无火焰原子化器中才能观察到它。

只有当基态是单一态，不存在中间能级时，才能产生共振荧光。直跃线荧光是激发态原子由高能级跃迁到高于基态的亚稳能级所产生的荧光。阶跃线荧光是激发态原子先以非辐射方式去活化损失部分能量，回到较低的激发态，再以辐射方式去活化跃迁到基态所发射的荧光。直跃线荧光和阶跃线荧光的波长都比吸收辐射的波长要长。反斯托克斯荧光的特点是荧光波长比吸收光辐射的波长要短。

4.3.2　原子荧光光度计

原子荧光光度计分为色散型和非色散型，它们结构相似，主要区别在于单色器。其主要组成包括激发光源、原子化器（火焰和无火焰）、单色器（色散型仪器有）、检测器、放大和读出装置，如图 4-10 所示。原子荧光光度计与原子吸收分光光度计的组成基本相同，但为了检测到荧光，其将光源和原子化器与检测器置于直角位置。

（1）激发光源：可用连续光源或锐线光源。常用的连续光源是氙弧灯，常用的锐线光源是高强度空心阴极灯、无极放电灯、激光等。连续光源稳定，操作简便，寿命长，能用于多元素同时分析，但检出限较差。锐线光源辐射强度高，稳定，可得到更好的检出限。

（2）原子化器：原子荧光光度计对原子化器的要求与原子吸收光谱仪基本相同，主要是原子化效率要高。氢化物发生-原子荧光光度计是专门设计的，是一个电炉丝加热的石英管，氩气作为屏蔽气及载气。

（3）光学系统：光学系统的作用是充分利用激发光源的能量和接收有用的荧光信号，减少和除去杂散光。色散系统对分辨能力的要求不高，但要求有较大的集光本领，常用的色散元件是光栅。非色散型仪器的滤光器用来分离分析线和邻近谱线，降低背景。非色散型仪器的优点是照明立体角大，光谱通带宽，集光本领大，荧光信号强度大，仪器结构简单，操作方便。其缺点是散射光的影响大。

（4）检测器：色散型仪器用光电倍增管，非色散型仪器常用的是日盲光电倍增管，在多元素原子荧光分析仪中，也用光导摄像管、析像管作检测器。检测器与激发光源成直角配置，以避免激发光源对检测原子荧光信号的影响。

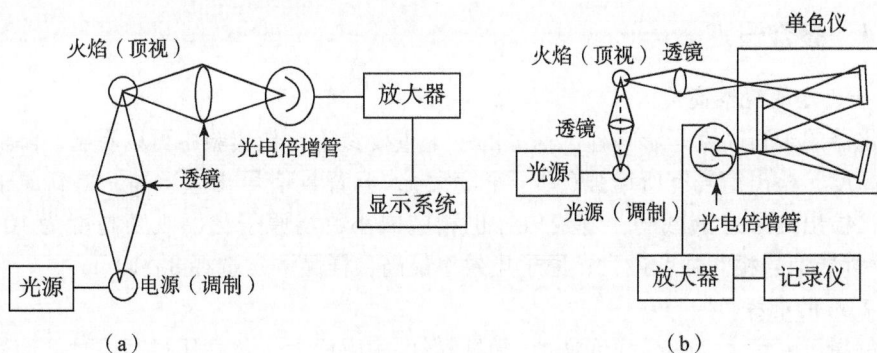

图 4-10　原子荧光光度计示意
（a）非色散型；（b）色散型

多通道原子荧光度计示意如图 4-11 所示。多个空心阴极灯同时照射，可同时分析多个元素。

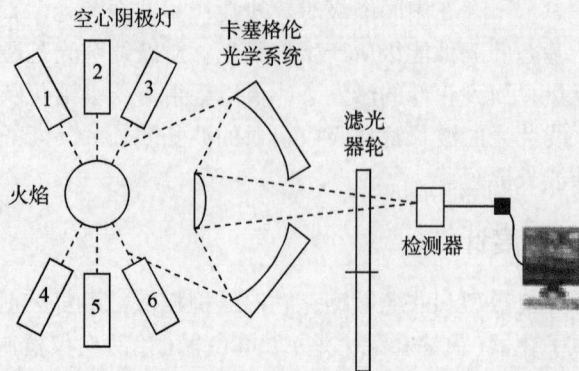

图4-11 能同时分析多种元素的多通道原子荧光光度计示意

4.3.3 原子荧光分析方法操作规程

（1）在断电状态下，安装待测元素灯，AFS-830双道原子荧光光度计可同时装入两个阴极灯。

（2）打开高纯氩气瓶，将压力设为 0.2~0.3 MPa。

（3）通电，先开电脑，然后再开仪器主机。

（4）调节灯高，使元素灯聚焦于一面，调节炉高到所测元素的最佳高度。向二级气液分离器中注高纯水，以封住大气连通口。

（5）打开操作软件的操作界面，设定操作参数，点击"点火"按钮，等仪器预热 20~30 min 后，压紧泵管压块，开始测定。

（6）测量完毕，将进样管与还原剂管插入高纯水中进行系统清洗，在"blank"（空白）中点击"测量"按钮，等待清洗完毕，用同样的方法用空气将系统中的水排出。

（7）松开泵管压块，在软件界面中的"仪器条件"下按"熄火"按钮，退出界面，关闭主机，关闭气瓶，关闭电源。

4.3.4 参数设定

1. 原子化器的观察高度

原子化器的观察高度是影响检出信号的一个重要参数，从实验中可以看出，降低原子化器的观察高度，检出信号有所增强（原子密度大），但背景信号相应增高，提高原子化器的观察高度，检出信号逐渐减弱，背景信号也相应减小，当原子化器观察高度为 10 mm 时，检出信号/背景信号相对强度最大，原子化效率最高，样品测定选择 8~10 mm。

2. 负高压的选择

随着负高压的增大，信号强度增加，但噪声也相应增大，负高压过高或过低信号强度值都不稳定。实验表明负高压为 300~350 V 时，检出信号/背景信号相对强度最高。

3. 空芯阴极灯电流的选择

根据灯电流与检出信号强度的关系，灯电流为通常的 60 mA 时，所得的信噪比最高，在能满足检测条件的情况下，应尽量采用低电流，同时不要超过最大使用电流，以延长灯的寿命。测汞时，电流选 10~15 mA。

4. 载气、屏蔽气流速的确定

样品与硼氢化钾反应后生成的气态氢化物是由载气携带至原子化器的，因此载气流速对样品的检出信号具有重要作用。从实测的载气流速与检出信号相对强度的关系中可见，较小的载气流速有利于信号强度的增加，但载气流速过小则不利于氢－氩焰的稳定，也难以迅速地将氢化物带入石英炉，过高的载气量会冲稀原子的浓度，当载气流速为 300 ~ 400 mL·min^{-1} 时，检出信号/背景信号的相对强度最高，样品测定选择载气流速为 300 mL·min^{-1}。而屏蔽气的流速对检出信号强度没有显著影响，选择 1 000 mL·min^{-1}。

5. 硼氢化钾浓度的影响

实验结果表明，当硼氢化钾/氢氧化钾的浓度在2%/0.5%附近时，信号强度基本不变，而硼氢化钾进一步增高将导致检出信号下降，这是由于高浓度硼氢化钾所产生的大量氢气稀释了待测元素氢化物。单测汞时，当硼氢化钾/氢氧化钾的浓度在 0.2%/0.5% 附近较为适合。

6. 样品溶液的酸度

氢化物发生反应要求有适宜的酸度，盐酸浓度为2% ~5%较为适宜。

4.3.5　检出限与相对标准偏差测定

（1）相对标准偏差(RSD)的测定：本仪器定义相对标准偏差为以最低检出限50 ~ 100倍浓度的标准溶液进行连续 11 次测定的荧光值的标准偏差除以测量平均值。SD 为标准偏差，即连续 11 次测量标准溶液的荧光信号的标准偏差。本仪器在测量过程中，进行连续 15次测量，取最后 11 次测量的荧光值进行计算。

（2）检出限(DL)的测量：本仪器的检出限由式(4 - 9)求得：

$$DL = 3 \times SD/K \tag{4 - 9}$$

式(4 - 9)中，SD 为标准偏差，即连续 11 次测量空白溶液的荧光信号的标准偏差，可通过式(4 - 10)计算得到；

$$SD = \sqrt{\dfrac{\sum\limits_{i=1}^{n}(x_i - \bar{x})^2}{n - 1}} \tag{4 - 10}$$

式(4 - 9)中，K 为工作曲线的斜率，可通过式(4 - 11)计算得到。

$$K = I_F/C \tag{4 - 11}$$

式(4 - 11)中，I_F 为对应标准溶液的荧光信号值；C 为标准溶液的浓度。
式(4 - 10)中，x_i 为单次标准溶液的测量值；$\bar{x}$ 为 n 次测量的平均值。

4.3.6　测量中的注意事项

（1）高浓度样品要事先稀释，否则管路污染，很难清洗，尤其在测汞时。

（2）测量无信号或信号异常(所有曲线测量值很小)的可能原因如下：

①仪器电路故障。判断方法：在灯能量显示处反射，有能量带变化，仪器电路正常。否则，仪器电路不正常。

②反应系统故障。管道堵、漏，水封无水、未进或进不足样品和还原剂(检查进样管路)，氢化物未进入原子化器。

③未形成氩氢火焰。应检查还原剂是否现配。另外的可能原因还有还原剂浓度、酸度不够，产生的氢气量太少，点火炉丝位置与石英炉芯的出口相距远。

④反应条件不正确。

实验4.1 用火焰光度法测定水中钾、钠的含量

一、实验目的

（1）学习火焰光度计的基本原理及测定钾和钠含量的方法。

（2）加深对火焰光度法的理解。

（3）掌握火焰光度计的基本结构和使用方法。

二、实验原理

当原子或离子受到热能或电能激发（如在火焰、电弧电光花中），有一些电子就吸收能量而跃迁到离原子核较远的轨道上，当这些被激发的电子返回或部分返回到稳定或过渡状态时，原先吸收的能量以光（光子）形式重新发射出来，这就产生了发射光谱（线光谱），各种元素都有自己特定的线光谱。基于以火焰为激发源的原子发射光谱的分析方法称为火焰光度法。它是利用火焰光度计测定元素在火焰中被激发时发射出的特征谱线的强度来进行分析的。火焰光度法又称为火焰发射光谱法。

样品溶液经雾化后喷入燃烧的火焰中，溶剂在火焰中蒸发，试样熔融转化为气态分子。继续加热，气态分子会解离为原子，再由火焰高温激发发射特征光谱。火焰所提供的能量比电火花小得多，只能激发电离能较低的元素（主要是碱金属和碱土金属）使之产生发射光谱（高温火焰可激发30种以上的元素产生火焰光谱）。当待测元素（如钾、钠）在火焰中被激发后，将产生的发射光谱通过滤光片或其他波长选择装置（单色器），把元素所发射的特征波长分离出来，经光电检测系统进行光电转换，再由检流计测量其强度。如果激发光条件（包括燃料气体和压缩空气的供应速度、样品溶液的流速、溶液中其他物质的含量等）保持一定时，则检流计读数与待测元素的浓度成正比，因此可以进行定量测定。

钾、钠元素通过高温火焰激发而产生不同能量的谱线，火焰光度计测定钾原子发射的766.8 nm和钠原子的589.0 nm的这两条谱线的相对强度。利用标准曲线法可进行钾、钠的定量测定。为抵消钾、钠的相互干扰，其标准溶液可配成钾、钠混合标准溶液。

火焰光度计有各种不同型号，但都包括三个主要部件：

（1）光源：包括气体供应，喷雾器、喷灯等。其使待测液分散在压缩空气中成为雾状，再与燃料气体和乙炔、煤气、液化石油、苯、汽油等混合，在喷灯燃烧。

（2）单色器：简单的是滤光片，复杂的则是用石英等棱镜与狭缝来选择一定波长的光线。

（3）光度计：包括光电池、检流计、调节电阻等。其与光电比色计的测量光度部分一样。

影响火焰光度法准确度的因素主要有三方面：

（1）激发情况的稳定性，如气体压力和喷雾情况的改变会严重影响火焰的稳定，喷雾

器没有保持十分清洁时会引起不小的误差，在测定过程中，如激发情况发生变化应及时校正压缩空气及燃料气体的压力，并重新测试标准系列及试样。

（2）分析溶液组成改变的影响：必须使标准溶液与待测溶液都有几乎相同的组成，如酸浓度和其他离子浓度要力求相近。

（3）光度计部分（光电池、检流计）的稳定性：如光电池连续使用很久后会发生"疲劳"现象，应停止测定一段时间，待其恢复效能后再用。多数情况下，用火焰光度分析法对适当浓度的纯盐溶液进行测定时，准确度都很高，误差仅为 1% ~3%，分析土壤、肥料、植物样品待测液时，一些元素（钾、钠）的测定误差为 3% ~8%，可满足一般生产上要求的准确度。

实验证明，待测液的酸含量（不论是 HCl、H_2SO_4 或 HNO_3）为 0.02 mol·L^{-1} 时，对测定几乎没有影响，但太高往往使测定结果偏低。如果溶液中盐的浓度过高，测定时易发生灯被盐霜堵塞现象，使结果大大降低。应及时停火，清洗。此外，钾、钠的含量对测定也互有影响，为了免除这项误差，可加入相应的缓冲液，例如在测 K^+ 时，加入 NaCl 的饱和溶液；在测 Na^+ 时，加入 KCl 的饱和溶液。

本实验使用液化石油气–空气火焰。

三、仪器与试剂

1. 仪器

（1）6400 型火焰（或其他型号）光度计；

（2）可调温电热板；

（3）分析天平；

（4）台秤；

（5）振荡机；

（6）吸量管（5 mL、10 mL）；

（7）曲径小漏斗；

（8）漏斗；

（9）烧杯（100 mL、250 mL、500 mL）；

（10）聚乙烯试剂瓶；

（11）带塞锥形瓶（100 mL）；

（12）定量滤纸。

2. 试剂

（1）1.000 g·L^{-1} 钾储备标准溶液：称取 0.953 4 g 于 105℃烘干 4~6 h 的 KCl（分析纯），用水溶解，移入 500 mL 容量瓶中，加水稀释至刻线，摇匀，转入聚乙烯试剂瓶中贮存。

（2）1.000 g·L^{-1} 钠储备标准溶液：称取 1.270 8 g 于 110℃烘干 4~6 h 的 NaCl（分析纯），用水溶解，移入 500 mL 容量瓶中，加水稀释至刻线，摇匀，转入聚乙烯试剂瓶中贮存。

（3）钾、钠混合标准工作液（1）：移取 5.00 mL 钾储备标准溶液、2.50 mL 钠储备标准溶液于 50 mL 容量瓶中，加水稀释至刻线，摇匀。此标准工作液含 100 mg·L^{-1} 的钾、50 mg·L^{-1} 的钠。

（4）三酸混合液：由浓硝酸（$\rho = 1.42$ g·cm^{-3}）：浓硫酸（$\rho = 1.84$ g·cm^{-3}）：高氯酸（60%）= 8：1：1 的比例混合而成。

（5）钾、钠混合标准工作液（2）：移取 5.00 mL 钾储备标准溶液、12.50 mL 钠储备标准溶液于 100 mL 容量瓶中，加水稀释至刻线，摇匀。此标准工作液含 50 mg·L^{-1} 的钾、125 mg·L^{-1} 的钠（如果不是测定土壤样品，此溶液不必配制）。

（6）$Al_2(SO_4)_3$ 溶液：称取 34 g $Al_2(SO_4)_3$ 或 66 g $Al_2(SO_4)_3 \cdot 18H_2O$ 固体溶于水中稀释至 1 L。

（7）50 mg·L^{-1} 钾标准工作液：移取 5.00 mL 钾储备标准溶液于 100 mL 容量瓶中，加水稀释至刻线，摇匀。

（8）100 mg·L^{-1} 钠标准工作液：移取 10.00 mL 钠储备标准溶液于 100 mL 容量瓶中，加水稀释至刻线，摇匀。

（9）混合酸消化液：由浓硝酸：高氯酸 = 4：1 的比例混合而成。

（10）1% 稀盐酸溶液。

四、实验步骤

1. 6400 型火焰光度计的开机步骤

1）开机检验

接通电源，打开主机开关（图 4 – 12），电源指示灯亮。将 K、Na 量程旋钮放置于"2"挡，调节"调零"和"满度"旋钮，表头有指示。开启空压机开关，空压机启动，进样压力表指示为 0.06 ~ 0.08 MPa。此时将进样口软管放入一盛有蒸馏水的烧杯中，在排液口下放一烧杯盛废液。雾化器内应有水珠撞击。

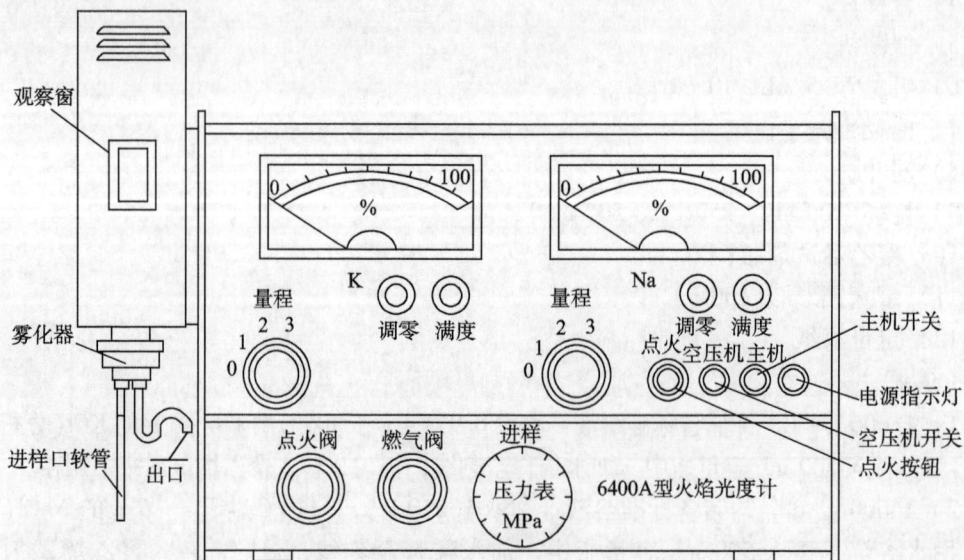

图 4 – 12　6400 型火焰光度计主机外形

2）点火

打开液化石油气开关阀，用右手按"点火"按钮，从观察窗中观察电极丝亮，然后用左手慢慢旋动（逆时针）"点火阀"，直至电极上产生明火（明火高度一般为 40 ~ 60 mm），此时右手放开"点火"按钮，旋动（逆时针）"燃气阀"。直至燃烧头产生火焰（高度为 40 ~ 60 mm），然后关闭"点火阀"，点火步骤完成。

3）调节火焰形状至最佳状态

点火后，由于进样空气的补充，燃气得到充分燃烧。此时，一边察看火焰形状，一边慢慢调节"燃气阀"，使进入燃烧室的液化气达到一定值（此时以蒸馏水进样），火焰呈最佳状态，即外形为锥形、呈蓝色，尖端摆动较小，火焰底部中间有 12 个小突起，周围有波浪形的圆环（图 4 - 13），整个火焰高度约 50 mm 左右，火焰中不得有白色亮点。

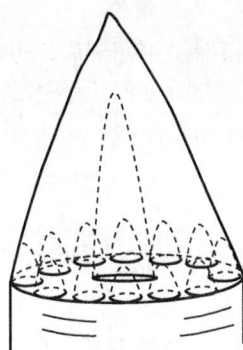

图 4 - 13　火焰形状的最佳状态

4）预热

调好火焰，仪器需预热 20 min 左右，待仪器稳定后，方可进行正式测试。开机步骤结束。

2. 配制待测溶液（土壤样品中钾、钠含量的测定）

1）土壤的预处理

通常用浸提法处理土壤样品，待测液中钙对钾的干扰不大，而对钠的干扰较大，可以用 $Al_2(SO_4)_3$ 抑制钙的激发以减小干扰。

称取 10 g 通过 1 mm 筛孔烘干的土壤放入 100 mL 具塞的锥形瓶中，加水 50 mL，盖好瓶盖，在振荡机上振荡 3 min，立即过滤，根据具体情况取出一定体积的浸出液，放入 50 mL 容量瓶中，加入 1 mL $Al_2(SO_4)_3$ 溶液，定容，备用。

2）标准系列溶液的配制

在 9 个 50 mL 容量瓶中，分别加入 0.00 mL、2.00 mL、4.00 mL、6.00 mL、8.00 mL、10.00 mL、12.00 mL、16.00 mL、20.00 mL 的钾、钠混合标准工作液（2），分别加入 1 mL $Al_2(SO_4)_3$ 溶液，定容，备用。各瓶中分别含钾 0 mg、2 mg、4 mg、6 mg、8 mg、10 mg、12 mg、16 mg、20 mg，含钠 0 mg、5 mg、10 mg、15 mg、20 mg、25 mg、30 mg、40 mg、50 mg。

3. 校正和操作

（1）预热仪器达稳定之后，根据所用标准溶液浓度，选择 K、Na 量程旋钮至某一合适量程挡位。一般使用"1"或"2"挡，以浓度最大的标准溶液能调足满度为准。浓度较低时采用"3"挡，选择"2""3"挡时，要在观察窗上按避光罩，以免室内外杂散光干扰测试读数。

（2）接着以空白溶液（蒸馏水）进样，缓慢旋动"调零"旋钮，使表的指针指示 0% 刻度。然后，以最大浓度的标准溶液进样，缓慢旋动"满度"旋钮，使表的指针指示 100% 刻度，重复几次，直至基本稳定，则可开始测试工作。

（3）连续测试样品时，应在每 3 ~ 5 只样品间进行一次标准溶液的校正。每只样品间亦可用蒸馏水冲洗校零，排除样品的互相干扰。

（4）在坐标纸上做工作曲线。

Y 轴——指示读数值；X 轴——溶液浓度。未知溶液浓度按插入法查得。

4. 关机步骤

仪器使用完毕后，务必用蒸馏水进样 5 min，清洗流路后，应首先关闭液化燃气罐的开关阀。此时仪器火焰逐渐熄灭。顺时针关闭"燃气阀"。将 K、Na 挡位旋钮旋至"0"挡。依次关闭空压机、主机开关并切断电源。

思 考 题

1. 火焰光度法属于哪类光谱分析方法？用火焰光度是否能测电离能较高的元素？为什么？

2. 如果标准系列溶液浓度范围过大，标准曲线会弯曲，为什么会有这种现象？

3. 火焰光度计中的滤光片有什么作用？

4. 本实验误差的可能因素有哪些？

实验 4.2　河底沉积物中重金属元素的原子发射光谱半定量分析

一、实验目的

（1）熟悉光谱定性分析的原理。

（2）了解石英棱镜摄谱仪的工作原理和基本结构。

（3）学习电极的制作、摄谱仪的使用方法及暗室处理技术。

（4）学会用标准铁光谱比较法定性判断试样中所含未知元素。

（5）根据特征谱线的强度及最后线出现的情况对元素含量进行粗略的估计。

（6）掌握映谱仪的原理和使用方法。

二、实验原理

1. 摄谱

原子在受到一定能量的激发后，其电子在由高能级向低能级跃迁时将能量以光辐射的形式释放，各种元素因其原子结构的不同而有不同的能级，因此每一种元素的原子都只能辐射出特定波长的光谱线，它代表了元素的特征，这是光谱定性分析的依据。

一个元素可以有许多条谱线，各条谱线的强度也不同。在进行光谱定性分析时，并不需要找出元素的所有谱线，一般只要检查它的几条（2~3 条）灵敏线或最后线，根据最后线/灵敏线是否出现，它们的强度比是否与谱线所表示的相符，就可以判断该元素存在与否。

经典电光源的试样处理：

1）固体金属及合金等导电材料的处理

棒状金属表面用金刚砂纸除氧化层后，可直接激发。

碎金属屑用酸或丙酮洗去表面污物，烘干后磨成粉末状，最好以 1:1 的比例与碳粉混合，在玛瑙研钵中磨匀后装入下电极孔内再激发。

2）非导体固体试样及植物试样的处理

非金属氧化物、陶瓷、土壤、植物等试样经灼烧处理后，磨细，加入缓冲剂及内标，置于石墨电极孔中用电弧激发。

3) 液体试样的处理

液体试样经稀释后，滴到用液体石蜡涂过的平头石墨电极上，在红外灯下烘干后进行光谱分析。

摄谱法是用感光板记录光谱。将感光板置于摄谱仪焦面上，接受被分析试样的光谱作用而感光，再经过显影、定影等过程后，制得光谱底片，其上有许多黑度不同的光谱线。然后用映谱仪观察谱线的位置及大致强度，进行光谱定性及半定量分析。用测微光度计测量谱线的黑度，进行光谱定量分析。

用发射光谱进行定性分析通常采用在同一块感光板上并列地摄取试样光谱和铁光谱，然后借助光谱投影仪使摄得的铁光谱与"元素标准光谱图"上的铁光谱重合，从"元素标准光谱图"上标记的谱线来辨认摄得的试样谱线。

本实验可对粉末样品进行指定元素的定性分析或全元素分析。

2. 译谱

不同种类的元素因其内部原子结构的不同，在光源的激发下，将发射出不同的特征谱线，据此可确定是否有某些元素的存在。在实际定性分析中，将所摄谱板放置在光谱投影仪上，经 20 倍放大后，以标准铁光谱图作为波长基准，选用 2~3 条灵敏线或其特征谱线组进行该元素的定性判断，并粗略估计含量。半定量分析的含量表示方法见表 4-1。

表 4-1　半定量分析的含量表示方法

估计含量/%	表示方法				
	1	2	3	4	5
100~1	大量	+ + + + +	5	2	直接报含量范围
1~0.1	中量	+ + + +	4	1	
0.1~0.01	小量	+ + +	3	0	
0.01~0.001	微量	+ +	2	-1	
<0.001	痕量	+	1	-2	
0	无	—	0	-3	

三、仪器与试剂

1. 仪器

（1）中型石英棱镜摄谱仪、交流电弧发生器、天津紫外 Ⅱ 型(6cm×9cm)感光板、铁电极(摄铁光谱用)；

（2）光谱纯石墨电极(上电极为圆锥形，下电极有孔，孔径为 3.2 mm，孔深 3~4 mm)。

2. 试剂

（1）粗 SiO_2；

（2）光谱纯碳棒(检查碳棒纯度)；

（3）显影液(A 液、B 液)。将配好的 A 液、B 液分别储存于棕色瓶中，使用前以 1:1 的比例混合，并调至 18℃~12℃使用，其组成见表 4-2。

（4）定影液，其组成见表 4-3。

表 4-2　显影液的组成

A 液		B 液	
米吐尔（硫酸对氨基酚，还原剂）	2 g	无水碳酸钠（碱加速剂）	44 g
海得努（对苯二酚，还原剂）	10 g	溴化钾	2 g
无水硫酸钠（保护剂）	52 g		
用水溶解并稀释至 1 000 mL		用水溶解并稀释至 1 000 mL	

表 4-3　定影液的组成

五水硫代硫酸钠（络合剂）	240 g
无水亚硫酸钠	15 g
冰醋酸	15 mL
硼酸	7.5 g
钾明矾	15 g
用水溶解并稀释至 1 000 mL	

四、实验步骤

1. 摄谱

1）摄谱前的准备工作

（1）加工电极和装样。将数根碳棒一端打磨成圆锥形，作为上电极和摄碳谱的下电极；用金刚砂纸打磨去铁棒一端的氧化层，用于摄铁谱；将粉末样品装入电极小孔中，装紧压实，注意不能沾污。将加工好的电极插在电极盘上备用。

（2）感光板的安装。在暗室中将感光板乳剂膜向下装入摄谱仪的暗盒中，盖紧盒盖，检查板盒，切勿漏光。然后将暗盒装在摄谱仪上，抽开挡板，调节合适的板移位置。

（3）检查仪器，将所有开关都置于关的位置，然后接通总电源。

2）摄谱

（1）打开电极照明灯，先装上电极，后装下电极（拍摄标准：铁光谱时铁棒为下电极，碳谱时换成碳棒，拍摄样品光谱时换成装样品的石墨电极），调节电极架上的螺母，使上下电极成像于遮光板小孔（3.2 mm）两侧，调好后，关掉照明灯，打开快门。

（2）将暗盒装在摄谱仪上，拉开挡板，调节合适的板移位置，调节狭缝和遮光板，插入哈特曼光阑（TV-10）（使用哈特曼光阑是为了在摄谱时避免由感光板移动带来的机械误差，它会使分析时摄取的铁谱与试样光谱的波长位置不一致），设置好移动光阑位置，再分别合上电闸摄谱，并记录好摄谱条件（狭缝宽度、遮光板、极距、光源、电流、曝光时间等）。摄谱结束，推进暗盒挡板，取下暗盒。

3）感光板的冲洗

（1）准备工作。取适量配好的显影液和定影液分别倒入 2 只搪瓷盘内，另备一盘清水。调节显影液的温度为 18℃ ~20℃。

（2）显影及定影。在暗室中的弱红灯下从暗室盒中取出感光板，先把感光板放在清水中湿润，然后放入显影液中显影（乳剂面向上）。在显影过程中要不断摇动搪瓷盘以使显影均匀。30 s 左右取出感光板，放入清水中略加漂洗，然后放入定影液中，摇动定影液，20 min 后可开白灯，继续定影至感光板未曝光部分的淡黄色乳剂膜完全退去而呈透明为止。最后将感光板放入流水中冲洗 10 min 后，取出晾干，备用。

2. 译谱

（1）开启光谱投影仪的电源开关和反射镜盖，将所摄的谱片放在光谱投影仪的谱片架上，注意将乳剂面向上，长波置于左侧。将摄得的谱线投影在白色投影屏上，通过手轮调节至谱线清晰。

（2）熟悉和牢记 1～15 号"元素标准光谱图"中铁光谱的标志性谱线（既粗且黑又便于记忆）的位置与波长，以标准铁光谱图作为波长基准（将谱片上的铁光谱与标准铁光谱图的相关谱线对齐），从短波处（谱板的左端）开始进行译谱。

（3）如果指定找出某元素，则先从元素谱线表中选择该元素两条以上的灵敏线或特征谱线组，按照这些灵敏线或特征谱线的波长，利用相应的"元素标准光谱图"作对照，进行查找。如果试样光谱中出现这些灵敏线或特征谱线组，则可初步确定样品中有此元素；当发现所用的灵敏线或其他元素的谱线相重叠时，则需要进一步查找干扰元素强度较大或相同的其他谱线。若这些谱线不出现，便可确定待测元素的存在。

（4）如果作全分析，首先初步观察全光谱，找出强度最大的谱线，以确定试样中的主要成分，必要时，可利用元素谱线表了解该元素可能出现的波长，以便了解所摄谱的情况，然后从短波向长波方向查找试样中出现的谱线，并用"元素标准光谱图"对照，记录该谱线的波长及其所代表的元素。最后根据出现的灵敏线并排除可能产生的干扰，找出可靠的结果。

（5）取下谱板，关闭电源，盖好"平面反射镜"盖板，罩好仪器。

五、实验结果与分析

（1）数据记录及处理。实验数据记录见表 4-4。

表 4-4　实验数据记录

板移位置	样品	光阑位置	曝光时间
45	铁棒	2、5、8	15 s
45	碳棒	3	2 min
45	试样	4	2 min

（2）光谱定性分析中合适摄谱条件的选择

①中心波长：依据分析试样所需的波长范围选用中心波长。照仪器说明书给出的指标，某中心波长所对应的光栅转角、狭缝调焦和狭缝倾角等设置仪器参数。

②狭缝宽度：宽窄要合适。若太窄，透光不够，谱线不清楚；若太宽，透光过量，谱线变宽，容易重叠。

③电极距离：打开电极照明灯，调节电极架上的螺母，使上下电极成像于遮光板小孔（3.2 mm）两侧即可。

实验4.3 合金材料的电感耦合等离子体原子发射光谱（ICP – AES）全分析

一、实验目的

（1）了解电感耦合等离子体原发射光谱分析仪的基本结构及工作特点、光源的工作原理。

（2）掌握等离子体原子发射光谱分析仪对样品的要求。

（3）掌握等离子体原子发射光谱分析仪的基本操作及软件的基本功能。

（4）掌握电感耦合等离子体发射光谱分析法的定性定量方法。

二、实验原理

原子发射光谱分析法（Atomic Emission Spectrometry, AES）是根据受激发物质所发射的光谱来判断其组成的一门技术。气态中处于基态的原子，当受外能（热能、电能等）作用时，核外电子跃迁至较高的能级，处于激发态。激发态原子不稳定，当原子从高能级跃迁至低能级或基态时，多余的能量以辐射的形式释放出来，形成线光谱。因此，原子发射光谱是由原子外层电子从激发能级向低能级跃迁时产生的。由于各种元素的原子能级结构不同，因此每一种元素的原子被激发后，只能辐射出某些特定波长的光谱线，这些光谱线是该元素的特征谱线。因此，利用原子发射光谱谱线的波长与强度，就可以进行定性和定量分析。与定性有关的物理量主要是光谱线的波长，与定量有关的物理量主要是光谱线的强度。原子发射光谱分析是一种已有一个世纪以上悠久历史的分析方法，原子发射光谱分析的进展，在很大程度上依赖于激发光源的改进。到了20世纪60年代中期，Fassel和Greenfield分别报道了各自取得的重要研究成果，创立了电感耦合等离子体（Inductively Coupled Plasma, ICP）原子发射光谱（ICP – AES）新技术，这在光谱化学分析上是一个重大的突破，从此，原子发射光谱分析技术又进入一个崭新的发展时期。图4 – 14所示为ICP – AES仪器的结构简图和工作流程。

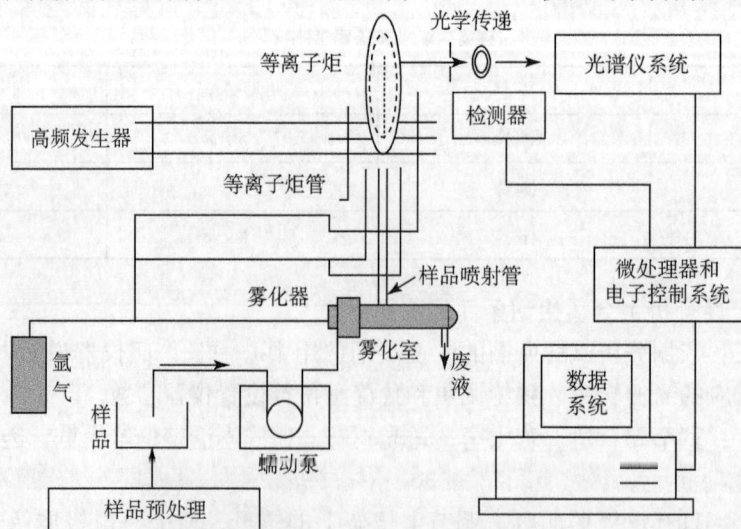

图4 – 14 ICP – AES的结构简图及工作流程

电感耦合等离子体原子发射光谱分析仪是以射频发生器提供的高频能量加到感应耦合线圈上，并将等离子炬管置于该线圈中心，因而在炬管中产生高频电磁场，用微电火花引燃，使通入炬管中的氩气电离，产生电子和离子而导电，导电的气体受高频电磁场作用，形成与耦合线圈同心的涡流区，强大的电流产生高热，从而形成火炬形状并可以自持的等离子体。由于高频电流的趋肤效应及内管载气的作用，等离子体呈环状结构。如图 4-15 所示，样品由载气（氩）带入雾化系统进行雾化后，以气溶胶的形式进入等离子体的轴向通道，在高温和惰性气氛中被充分蒸发、原子化、电离和激发，发射出所含元素的特征谱线。根据特征谱线的存在与否，鉴别样品中是否含有某种元素；根据特征谱线强度确定样品中相应元素的含量。使用 ICP-AES，大多数元素的方法检出限（MDL）为几十个 ppb，校准曲线的线性范围较宽，可进行多元素同时或顺序测定。ICP 定量分析的依据是 Lomakin-Scherbe 公式：

$$i = aC^b \qquad\qquad (4-12)$$

式中，i 为谱线强度；C 为待测元素的浓度；a 为常数；b 为分析线的自吸收系数。一般情况下 $b \leqslant 1$，b 与光源特性、待测元素含量、元素性质及谱线性质等因素有关，在 ICP 光源中，多数情况下 $b \approx 1$。

ICP 定量分析方法主要有外标法、标准加入法和内标法。

外标法是利用标准试样测得常数后，又用该式来确定试样的浓度。标准加入法，又称添加法和增量法，可减小或消除基体效应的影响。内标法是在试样和标准试样中分别加入固定量的纯物质即内标物，利用分析元素和内标元素谱线强度比与待测元素浓度绘制标准曲线，并进行样品分析。

ICP 形成原理如图 4-15 所示。

当高频发生器接通电源后，高频电流 I 通过感应线圈产生交变磁场(绿色)。开始时，管内为氩气，不导电，需要用高压电火花触发，气体电离后，在高频交流电场的作用下，带电粒子高速运动，碰撞，形成"雪崩"式放电，产生等离子体气流。在垂直于磁场的方向将产生感应电流（涡电流，粉色），其电阻很小，电流很大（数百安），产生高温。其又将气体加热，使之电离，在管口形成稳定的等离子体焰炬。

ICP 焰明显地分为三个区域：

（1）焰心区，不透明，是高频电流形成的涡流区，等离子体主要通过这一区域与高频感应线圈耦合而获得能量，该区温度高达 10 000 K。

（2）内焰区，位于焰心区上方，一般在感应圈右边 10~20 mm，呈半透明状态，温度约为 6 000~8 000 K，是分析物原子化、激发、电离与辐射的主要区域。

（3）尾焰区，在内焰区上方，无色透明，温度较低，温度在 6 000 K 以下，只能激发低能级的谱线。

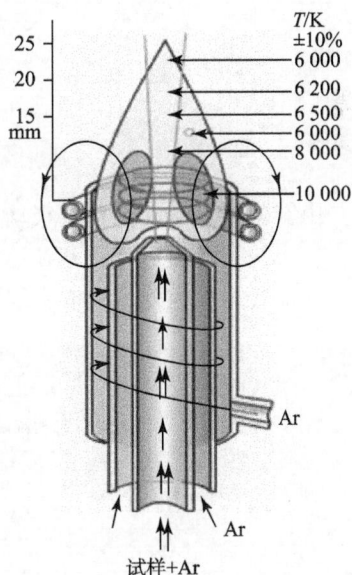

图 4-15　ICP 形成原理

ICP 具有以下特点：

（1）温度高，惰性气氛，原子化条件好，有利于难熔化合物的分解和元素激发，有很高的灵敏度和稳定性。

（2）具有"趋肤效应"，涡电流在外表面处密度大，使表面温度高，轴心温度低，中心通道进样对等离子的稳定性影响小。能有效消除自吸现象，线性范围宽（4～5个数量级）。

（3）电子密度大，碱金属电离造成的影响小。

（4）氩气产生的背景干扰小。

（5）无电极放电，无电极污染。

（6）ICP焰炬外形像火焰，但不是化学燃烧火焰，是气体放电。

（7）对非金属测定的灵敏度低，仪器昂贵，操作费用高，这是ICP的缺点。

样品导入系统由蠕动泵、雾化器、雾化室和炬管组成。

进入雾化器的液体流，由蠕动泵控制。泵的主要作用是为雾化器提供恒定样品流，并将雾化室中的多余废液排出。除通常进样和排废液通道外，三通道蠕动泵为用户提供一个额外通道，用该通道可在分析过程中导入内标等。

雾化器将液态样品转化成细雾状喷入雾化室，较大雾滴被滤出，细雾状样品到达等离子炬。图4-16所示为同心玻璃雾化器示意。

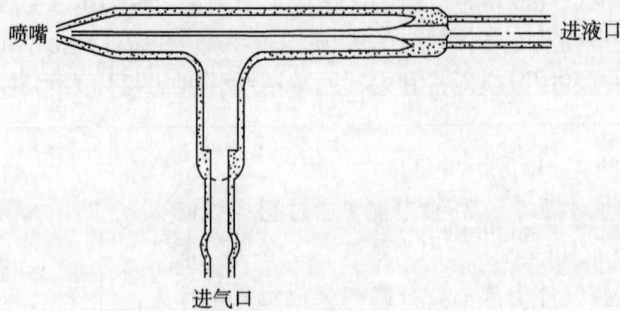

图4-16 同心玻璃雾化器示意

由雾化器、蠕动泵和载气所产生的雾状样品进到雾化室。雾化室相当于一个样品过滤器，较小的细雾通过雾化室到达炬管，较大的样品滴被滤除流到废液容器中。

一体式炬管由外层管、中层管和内层管构成，如图4-17所示。

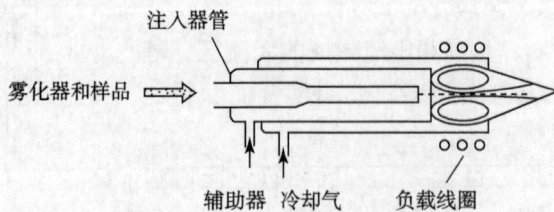

图4-17 一体式炬管的结构示意

ICP-AES检测器的介绍如下：

目前较成熟的主要是电荷注入器件（Charge-Injection Detector，CID）、电荷耦合器件（Charge-Coupled Detector，CCD）。

CID与CCD的主要区别在于读出过程，在CCD中，信号电荷必须经过转移才能读出，信号一经读取即刻消失。而在 CID 中，信号电荷不用转移，是直接注入体内形成电流来读出的，即每当积分结束时，去掉栅极上的电压，存贮在势阱中的电荷少数载流子(电子) 被注入体内，从而在外电路中引起信号电流，这种读出方式称为非破坏性读取(Non - Destructive Read Out，NDRO)。CID 的 NDRO 特性使它具有优化指定波长处的信噪比(S/N) 的功能。同时 CID 可寻址到任意一个或一组像素，因此可获得如"相板"一样的所有元素谱线信息。

三、仪器与试剂

1. 仪器

ICP - 9000 型光谱仪。

2. 试剂

(1) 某品牌矿泉水；

(2) 去离子水；

(3) 优级纯硝酸；

(4) 含有常见种元素(铝、钡、镉、钙、铬、钴、铜、铁、铅、镁、镍、磷、钾、钠、钒、锌)的混标溶液 $1 \sim 10 \ mg \cdot L^{-1}$。

四、实验内容和步骤

(1) 仪器的工作条件。

①开机条件：温度适宜，相对湿度 <60%。

②打开通风设备、空压机，打开氩气钢瓶总阀门，检查分压阀，使压力为 0.55 ~ 0.8 MPa，打开循环冷却水，确定电、气、水正常运行，开启主机。

③安装好进样管路和排废液管路，检查排废液管路和废液桶连接正常。注意其他参数是否正常。

(2) 开机。

开主机、计算机、显示器，点击进入操作系统，仪器自检，氩气吹扫检测器，约 20 min。

(3) 点燃等离子体(注意：请务必严格按照仪器操作规程进行操作)。

(4) 分析样品。

①空白液的波长扫描。

按"开始"按钮，仪器即可对空白液(去离子水)在选定波长范围内进行扫描。此时窗口右上角的数据显示出单色仪所在的当前波长。扫描完成后，弹出"文件保存"提示对话框，单击"是"按钮，弹出"保存"对话框，输入文件名，保存刚刚完成的扫描谱图。扫描任务结束后打开该文件，在窗口中移动鼠标，可以查看鼠标所在位置的波长及强度值。波长扫描得到谱图，这是一段波长范围内的光谱背景图。利用这种谱图就可以考察这一波段内的谱线信息。

②样品的波长扫描操作同①，不同之处只是将样品的进样管放入混合样品溶液中。

③测试样品

(5) 关机。

五、数据处理

（1）将打印出来的蒸馏水和矿泉水样品的谱图进行比较，找出混合样品谱图中多出的谱线。

（2）利用计算机的仪器操作软件的"查看"功能中的"放大"功能，找出每条谱线所对应的元素。

（3）判断样品中是否含有某些元素，计算含量并得出结论。

思 考 题

为什么电感耦合等离子体原子发射光谱分析法能同时分析水中的多种元素成分？

实验4.4　用火焰原子吸收法测定水中钙和镁的含量

一、实验目的

（1）通过对钙最佳测定条件的选择，了解与火焰性质有关的一些条件参数及其对钙测定灵敏度的影响。

（2）了解原子吸收分光光度计的基本结构与原理。

（3）掌握火焰原子吸收光谱分析的基本操作，加深对灵敏度、准确度、空白等概念的认识。

二、实验原理

原子吸收光谱分析主要用于定量分析，它的基本依据是：将一束特定波长的光投射到被测元素的基态原子蒸汽中，原子蒸汽对这一波长的光产生吸收，未被吸收的光则透射过去。在一定浓度范围内，被测元素的浓度（C）、入射光强（i_0）和透射光强（i_t）三者之间的关系符合 Lambert – Beer 定律：

$$i_t = i_0 \times (10^{-abC}) \tag{4-13}$$

式中，a 为被测组分对某一波长光的吸收系数；b 为光经过的火焰的长度。

根据这一关系，可以用校准曲线法或标准加入法来测定未知溶液中某元素的含量。

钙是火焰原子化的敏感元素。测定条件的变化［如燃助比、测光高度（也称为燃烧器高度）］、干扰离子的存在等因素都会严重影响钙在火焰中的原子化效率，从而影响钙的测定灵敏度。

原子化效率是指原子化器中被测元素的基态原子数目与被测元素所有可能存在状态的原子总数之比。在火焰原子吸收法中，决定原子化效率的主要因素是被测元素的性质和火焰的性质。电离能、解离能和结合能等物理化学参数的大小决定了被测元素在火焰的高温和燃烧的化学气氛中解离、化合、电离的难易程度。而燃气、助燃气的种类及其配比决定了火焰的燃烧性质，如火焰的化学组成、温度分布和氧化还原性等，它们直接影响着被测元素在火焰中的存在状态，因此在测定样品之前应对测定条件进行优化。

三、仪器和试剂

1. 仪器

（1）TAS－986 型原子吸收分光光度计；

（2）50 mL 比色管 8 支；

（3）100 mL 容量瓶 1 个；

（4）5 mL 分度吸量管 2 支；

（5）50 mL 小烧杯 2 个；

（6）乙炔钢瓶；

（7）空气压缩机。

2. 试剂

（1）钙标准贮备溶液（1 000 mg·L^{-1}）：准确称取 105℃～110℃烘干过的碳酸钙（CaCO$_3$，优级纯）2.497 3 g 于 100 mL 烧杯中，加入 20 mL 水，小心滴加硝酸溶液至溶解，再多加 10 mL 硝酸溶液，加热煮沸，冷却后用水定容至 1 000 mL。

（2）镁标准贮备液（1 000 mg·L^{-1}）：准确称取 800℃灼烧至恒重的氧化镁（MgO，光谱纯）0.365 8 g 于 100 mL 烧杯中，加 20 mL 水，滴加硝酸溶液至完全溶解，再多加 10 mL 硝酸溶液，加热煮沸，冷却后用水定容至 1 000 mL。

（3）钙镁混合标准使用液（100 μg·mL^{-1}）：准确吸取钙标准贮备液和镁标准贮备液各 5.0 mL 于 100 mL 容量瓶中，加入 1 mL 硝酸溶液，用水稀释至标线。

（4）镧溶液（10 mg·mL^{-1}）：若去离子水的水质不好，会影响钙的测定灵敏度和校准曲线的线性关系，加入适量的镧可消除这一影响。

四、实验步骤

（1）标准溶液的配制。用分度吸量管取一定体积的 100 μg·mL^{-1} Ca^{2+} 标液于 25 mL 比色管中，用去离子水稀释至 25 mL 刻度处，其浓度应为 10 μg·mL^{-1}。于 6 支 10 mL 比色管中分别加入一定体积的 10 μg·mL^{-1} Ca^{2+} 标液，用去离子水稀释至 10 mL 刻度处，摇匀。配成浓度分别为 0 μg·mL^{-1}、2 μg·mL^{-1}、4 μg·mL^{-1}、5 μg·mL^{-1}、8 μg·mL^{-1}、10 μg·mL^{-1} 的 Ca^{2+} 标准系列溶液，用于制作校准曲线。

（2）配制自然水样溶液。准确吸取 5 mL 自来水样于 2 个 100 mL 容量瓶中，用蒸馏水定容，摇匀。

（3）根据实验条件将原子吸收分光光度计按仪器操作步骤进行调节，待仪器电路和气路系统达到稳定，基线平直，即可进样。测定标准系列和自来水样的吸光度值。

思 考 题

1. 原子吸收分光光度法的基本原理是什么？

2. 原子吸收分光光度法为何要用待测元素的空心阴极灯？能用氢灯和氘灯代替吗？为什么？

3. 如何选择最佳的实验条件？

实验 4.5 用石墨炉原子吸收光谱法测定水中的微量铅

一、实验目的

（1）了解石墨炉原子吸收光谱法的原理及特点。
（2）掌握火焰原子化和无火焰原子化的优缺点。
（3）学习石墨炉原子吸收分光光度计的使用和操作技术。
（4）熟悉石墨炉原子吸收光谱法的应用。

二、实验原理

石墨炉原子吸收光谱法是采用石墨炉使石墨管升温至 2 000℃ 以上，让管内试样中的待测元素分解成气态的基态原子，由于气态的基态原子吸收其共振线，其吸收强度与含量成正比关系，故可进行定量分析。它属于无火焰原子吸收光谱法。

石墨炉原子吸收光谱法具有试样用量小的特点，该方法的绝对灵敏度较火焰原子吸收光谱法高几个数量级，可达 10^{-14} g，并可直接测定固体试样，但仪器比较复杂、背景吸收干扰较大。其工作步骤可分为干燥、灰化、原子化和除残四个阶段。

本实验采用标准曲线法来测定水中的铅。

三、仪器与试剂

1. 仪器
（1）石墨炉原子吸收分光光度计；
（2）石墨炉电源；
（3）铅空心阴极灯；
（4）乙炔钢瓶；
（5）氩气钢瓶；
（6）无油空气压缩机；
（7）微量注射器；
（8）容量瓶；
（9）吸量管。

2. 试剂
（1）硝酸铅（优级纯）；
（2）浓硝酸（优级纯）；
（3）铅标准溶液（1 μg · mL^{-1}）；
（4）1%（体积比）稀硝酸；
（5）待测水样；
（6）二次蒸馏水。

四、操作方法和实验步骤

（1）按下列参数设置测量条件：

①分析线：283.3 nm；

②灯电流：8 mA；

③狭缝宽度：0.5 nm；

④干燥温度：122℃，干燥时间：30 s；

⑤灰化温度：400℃，灰化时间：20 s；

⑥原子化温度：950℃，原子化时间：3 s；

⑦清洗温度：2 700℃，清洗时间：3 s；

⑧氩气流量：0.5 L·min^{-1}。

（2）铅标准溶液的配制：取铅储备液用1%稀硝酸稀释至刻度，摇匀，配成5.00 ng·mL^{-1}、10.00 ng·mL^{-1}、20.00 ng·mL^{-1}、50.00 ng·mL^{-1}的铅标准溶液。

（3）配制铅浓度低于50.00 ng·mL^{-1}的水样。

（4）用1%稀硝酸配制空白溶液。

（5）按标准溶液由稀到浓的次序分别用微量注射器注入20 mL铅标准溶液及试样溶液于石墨管中，并分别测定其吸光度。

五、实验结果与分析

（1）记录实验条件；

（2）记录数据；

（3）绘制工作曲线：以吸光度为纵坐标，以铅含量为横坐标做标准曲线。从标准曲线中查出铅的含量。

（4）计算水样中铅的质量浓度（ng·mL^{-1}）。

思 考 题

1. 无火焰原子吸收光谱法具有哪些特点？

2. 石墨炉原子吸收光谱法为何灵敏度高？

3. 石墨炉原子吸收光谱法的实验条件如何选择？

实验4.6 水中痕量砷、汞的原子荧光光谱分析

一、实验目的

（1）掌握用原子荧光光谱测定痕量砷、汞的基本原理和方法。

（2）掌握原子荧光分光光度计的构造和操作。

二、实验原理

镉和汞均是具有蓄积作用的有害元素，因此监测各类环境样品中的镉和汞的含量、控制人体内镉和汞的摄入量是控制其危害的重要预防措施。

将待测元素转化为气态，从而与基体分离的蒸气发生技术和原子光谱法联用能提高测定的灵敏度，因为待测元素与共存基体分离，所以又可在一定程度上消除分子吸收或光散射引

起的非特征光损失和其他共存元素的干扰。但其目前仅局限于少量元素。因此，对蒸气发生技术进一步研究，以扩大其测定元素范围，成为原子光谱中的一个重要研究领域。

三、仪器与试剂

1. 仪器

（1）AFS-230E 双道原子荧光分光光度计，附带断续流动全自动进样器（北京海光仪器公司）；

（2）AS-2 镉高性能空心阴极灯（北京有色金属研究总院）；

（3）AS-2 汞高性能空心阴极灯（北京有色金属研究总院）；

（4）高纯氩气钢瓶（作为屏蔽气及载气）。

2. 试剂

（1）盐酸（优级纯）；

（2）氢氧化钠溶液：$5\ g\cdot L^{-1}$；

（3）硼氢化钠溶液：$15\ g\cdot L^{-1}$（称取 1.5 g 硼氢化钠溶解于 $5\ g\cdot L^{-1}$ 氢氧化钠溶液中，并稀释至 100 mL）；

（4）铁氰化钾溶液：$50\ g\cdot L^{-1}$；

（5）硫脲溶液：$50\ g\cdot L^{-1}$；

（6）镉标准溶液：$1\ 000\ mg\cdot L^{-1}$（GBW（E）080531），由全国化工标准物质委员会标准物质研究开发中心研制；

（7）镉标准使用液：$100\ \mu g\cdot L^{-1}$；

（8）汞标准溶液：$1\ 000\ mg\cdot L^{-1}$（GBW08617），由国家标准物质研究中心研制；

（9）汞标准使用液：$20\ \mu g\cdot L^{-1}$；

（10）盐酸：$0.30\ mol\cdot L^{-1}$；

（11）硼氢化钠：$15\ g\cdot L^{-1}$。

本法所用试剂皆用超纯水（美国 Millipore 公司）配制，实验所用玻璃器皿均用硝酸（20%）浸泡过夜处理。

四、实验步骤

1. 实验方法

（1）仪器条件。光电倍增管负高压：280 V；灯电流：镉灯 60 mA、汞灯 20 mA；原子化器高度：9 mm；载气流速：$500\ mL\cdot min^{-1}$；屏蔽气流速：$800\ mL\cdot min^{-1}$；积分方式：峰面积；延迟时间：2 s；读数时间：15 s。

（2）标准曲线。分别吸取 $100\ \mu g\cdot L^{-1}$ 镉标准溶液和 $20\ \mu g\cdot L^{-1}$ 汞标准溶液 0.0 mL、1.0 mL、2.0 mL、3.0 mL、4.0 mL、5.0 mL 于 50 mL 容量瓶，加入 1.25 mL 盐酸，加入 $50\ g\cdot L^{-1}$ 铁氰化钾溶液 2 mL、$50\ g\cdot L^{-1}$ 硫脲溶液 5 mL，用超纯水定容至刻度，摇匀。配制成含镉浓度为 $0\ \mu g\cdot L^{-1}$、$2\ \mu g\cdot L^{-1}$、$4\ \mu g\cdot L^{-1}$、$6\ \mu g\cdot L^{-1}$、$8\ \mu g\cdot L^{-1}$、$10\ \mu g\cdot L^{-1}$，含汞浓度为 $0\ \mu g\cdot L^{-1}$、$0.4\ \mu g\cdot L^{-1}$、$0.8\ \mu g\cdot L^{-1}$、$1.2\ \mu g\cdot L^{-1}$、$1.6\ \mu g\cdot L^{-1}$、$2.0\ \mu g\cdot L^{-1}$ 的混合标准系列。

2. 仪器参数的选择

（1）光电倍增管负高压的选择。随着负高压的增加，相对荧光强度也增加，但信号和噪声水平也同时增加，因此在满足检测灵敏度要求的情况下，尽可能选择较低的负高压。本方法选择负高压为 280 V。

（2）灯电流的选择。随着灯电流的增加，荧光强度也相应增强，但过大的灯电流会缩短灯的寿命，还可能产生自吸收。本方法选择镉灯电流为 60 mA，汞灯电流为 20 mA。

（3）镉和汞荧光强度积分方式和时间的选择。仪器对镉荧光强度的测量方式可以根据情况选择峰高或峰面积积分。本方法选择峰面积积分方式，这有利于将氢化物发生、传输过程中的不稳定因素带来的测定波动降至最低，提高镉的测定精度。通过实验发现，镉的峰值在 2 s 时开始升至最高，汞的峰值在 1 s 时已达最高，综合两元素同时测定条件考虑，本法选择延迟读数时间为 2 s，积分时间为 15 s。

（4）电炉丝是否点火加热的确定。一般情况下，通过加热方式来进行原子化，研究表明镉的蒸气产生后，在不加热的情况下就已经开始原子化，电炉丝未点火加热也能测定，这点和汞的测定相同，但在点火加热原子化时，记忆效应明显减少，最终本方法选择点火加热进行原子化。

（5）原子化器高度的选择。分别将原子化器高度调至 7 ~ 12 mm 后测定镉和汞标准溶液的荧光强度。实验结果表明，镉元素在原子化器高度为 8 ~ 9 mm 时荧光强度最大，汞元素在原子化器高度为 10 ~ 12 mm 时荧光强度最大。综合镉和汞同时测定因素考虑，本方法选择原子化器高度为 9 mm。

（6）屏蔽气及载气流速对荧光强度的影响。分别将载气流速调至 300 ~ 700 mL·min^{-1}，将屏蔽气流速调至 500 ~ 1 100 mL·min^{-1}，测定镉和汞标准溶液的荧光强度。实验结果表明载气流量过大会稀释原子化器内待测元素的浓度，导致荧光强度减小；而载气流量过小，火焰则不稳定。综合考虑后，最后确定采用载气、屏蔽气流量分别为 500 mL·min^{-1} 和 900 mL·min^{-1}。

思 考 题

1. 比较原子吸收分光光度计和原子荧光分光光度计在结构上的异同点。

2. 水中的痕量镉和汞为什么能同时进行测定？

第五章
色谱分析实验

5.1 气相色谱法

5.1.1 气相色谱法的基本原理

色谱法又叫层析法,它是一种物理分离技术。它的分离原理是使混合物中各组分在两相间进行分配,其中一相是不动的,叫作固定相,另一相则是推动混合物流过此固定相的流体,叫作流动相。当流动相中所含的混合物经过固定相时,就会与固定相发生相互作用。由于各组分在性质与结构上不同,相互作用的大小强弱也有差异,因此在同一推动力的作用下,不同组分在固定相中的滞留时间有长有短,从而按先后顺序从固定相中流出,这种借两相分配原理而使混合物中各组分获得分离的技术,称为色谱分离技术或色谱法。当用液体作为流动相时,称为液相色谱法;当用气体作为流动相时,称为气相色谱法。

色谱法具有分离效能高、分析速度快、样品用量少、灵敏度高、适用范围广等许多化学分析法无可与之比拟的优点。

气相色谱法的一般工具主要包括三部分:载气系统、色谱柱、检测器。

气相色谱法采用气体为流动相。载气由高压钢瓶或氮气发生器供给,经减压阀、流量表控制计量后,以稳定的压力、恒定的流速,连续流过气化室、色谱柱、检测器,最后放空。样品进样后在气化室高温气化,被载气带入色谱柱进行分离,被分离后的样品组分再被载气带入检测器进行检测,最后检测信号由工作站采集并记录。

当载气携带着不同物质的混合样品通过色谱柱时,气相中的物质一部分溶解或吸附到固定相内,随着固定相中物质分子的增加,从固定相挥发到气相中的试样物质分子也逐渐增加,也就是说,试样中各物质分子在两相中进行分配,最后达到平衡。这种物质在两相之间发生的溶解和挥发的过程,称分配过程。分配达到平衡时,物质在两相中的浓度比称为分配系数,也叫平衡常,用 k 表示:

$$k = 物质在固定相中的浓度/物质在流动相中的浓度$$

在恒定的温度下,分配系数 k 是个常数。

由此可见,气相色谱法的分离原理是利用不同物质在两相间具有不同的分配系数,当两相作相对运动时,试样的各组分就在两相中经反复多次分配,使得原来分配系数只有微小差别的各组分产生很大的分离效果,从而将各组分分离开来,然后再进入检测器对各组分进行鉴定。

色谱柱是色谱仪的"心脏",样品中各组分的分离是在色谱柱中完成的。气相色谱法中所采用的气相色谱柱分为两类:一类为填充柱,另一类为毛细管柱。其分类如图 5-1 所示。

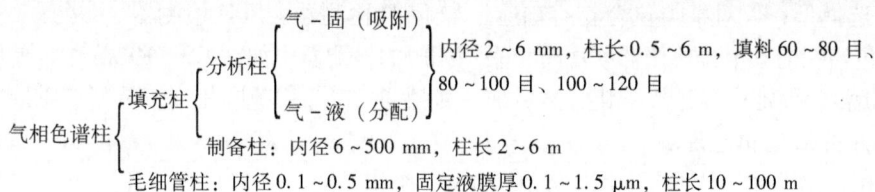

图 5-1　气相色谱柱的分类

填充柱的内径为 2~6 mm,柱长为 0.5~6 m,柱内填充一定粒度的填料,填料的粒度一般有三种规格,即 60~80 目、80~100 目及 100~120 目。"目"为粒度单位,指一英寸①长度上可排列的颗粒的数目。

在填充柱色谱中,填料如用固体吸附剂则为气固填充柱色谱(GSC),如用涂了固定液的担体,则为气液填充柱色谱(GLC)。

毛细管柱(又称 Golay 柱或空心柱)的内径为 0.1~0.5 mm,柱长为 10~100 m,中空,内壁涂布或键合有固定液。

毛细管柱气相色谱系统与填充柱气相色谱系统的气路显著不同,毛细管柱的载样量小,所需载气流速也小($0.2~5$ mL·min^{-1}),使用常规微量注射器进样时,柱子必然超负荷,得不到毛细管柱的高效分离能力,因此常用间接进样法,即分流进样法。分流进样法进入柱子的样品量只是进样量的极小部分,因此不会超载。此外,毛细管柱气路在柱后有补气(make-up gas,又称尾吹气),即从柱尾向检测器吹气,使柱中的组分一出来便被送到检测器,补气的目的是防止峰展宽。

5.1.2　操作条件的选择

1. 载气

气相色谱法中的载气有氮气、氦气、氩气、氢气。

用 FID 检测器时:普氮。

用 ECD 检测器时:高纯氮、氩气。

用 TCD 检测器时:氢气及氦气均可达到较高的灵敏度。

用 MSD 检测器时:氦气。

2. 温度

原则:

(1) 检测器温度至少比柱温高 30℃,以防柱中流出物在检测器上凝结,污染检测器。

(2) 柱温至少比固定液的最高使用温度低 30℃,以防固定液流失。

(3) 柱温降低,保留时间延长,容量因子(即分配系数)k 增加,分离可得到改善。

(4) 气化室温度一般与检测器温度相同,若待测物不稳定,则气化室温度应设低一点。

3. 检测器

检测器分为通用型以及选择型两种:

① 1 英寸 = 0.025 4 米。

（1）通用型：分析对象范围广泛，对有机物均有响应，如 FID 检测器、TCD 检测器、MSD 检测器。

（2）选择型：仅对某类化合物有响应，如 ECD 检测器、FPD 检测器。

气相色谱仪与其他分析仪器联用时，采用相应的检测器，如在 GS – FTMS 中，使脉冲电子束通过分析池，使池中样品离子化，然后加一射频场，其频率范围相当于欲测定质量的范围。

4. 程序升温气相色谱法

在气相色谱法中，当只需测定样品中的某一个组分时，一般只需采用一个固定的柱温即可，因为只需将待测物与其他组分分离，而不必考虑其他成分是否分开。柱温恒定不变的气相色谱法称为恒温气相色谱法。但是当需测定样品中的多个组分，且这些组分沸点相差较大时（如中药挥发油中多种成分的分析），采用恒温气相色谱法往往不能得到令人满意的结果。当采用较低的柱温时，低沸点组分可以得到很好分离，而高沸点组分则出峰太慢，峰形变宽，有的高沸点组分甚至不能流出。当采用较高的柱温时，高沸点组分可以出峰，并获得较尖锐的峰形，但低沸点组分由于流出太快而无法得到完全分离。在这种情况下，可以采用程序升温气相色谱法来分析样品，即柱温按预定的程序，随时间呈线性或非线性升高（增加），这样样品组分便可在不同柱温下流出。当柱温较低时，低沸点组分最早流出并能得到良好分离，随着柱温的逐步升高，高沸点组分逐个流出，并能和低沸点组分一样得到良好的尖峰。程序升温气相色谱法的优点如下：

（1）可使低沸点组分与高沸点组分同时得到检测；

（2）峰形尖锐，可提高检测灵敏度；

（3）省时；

（4）可较快地赶走柱中的杂质峰，便于下一次分析。

5.1.3 分离条件的选择

1. 色谱柱分离度

色谱柱分离混合物的能力用柱效能（柱效）来表示。在一定条件下，色谱柱的柱效可用塔板数 n 或塔板高度 H 来衡量。在塔板理论中，有效塔板数 $n_{有效}$ 或有效塔板高度 $H_{有效}$ 比理论塔板数 n 或理论塔板高度 H 更能真实地反映色谱柱的分离能力，它们的计算公式见式（5 – 1）、式（5 – 2）和式（5 – 3）：

$$n_{有效} = 5.54\left(\frac{t'_R}{W_{1/2}}\right)^2 = 16\left(\frac{t'_R}{W_b}\right)^2 \qquad (5-1)$$

$$H_{有效} = \frac{L}{n_{有效}} \qquad (5-2)$$

$$t'_R = t_R - t_M \qquad (5-3)$$

式中，t'_R 为组分的调整保留时间；$W_{1/2}$ 为色谱峰的半峰宽；W_b 为色谱峰的峰底宽；t_M 为空气或甲烷的保留时间（死时间）；L 为色谱柱的长度。

分离度（resolution，R）是指相邻两组分色谱峰保留时间之差与两组分色谱峰的基线宽度总和之半的比值。分离度用分离方程式（5 – 4）表示：

$$R = \frac{t_{R_2} - t_{R_1}}{(W_1 + W_2)/2} = \frac{2(t_{R_2} - t_{R_1})}{W_1 + W_2} \qquad (5-4)$$

$R \geq 1.5$ 时，两组分才能完全分离。

分离度与柱效（n），分配系数比（α）及容量因子（k）的关系式见式（5-5）：

$$R = \frac{\sqrt{n}}{4} \cdot \frac{\alpha - 1}{\alpha} \cdot \frac{k_2}{1 + k_2} \qquad (5-5)$$

式中，n 为柱效项；α 为柱选择项；k_2 为柱容量项。

k、n、α 对色谱峰的影响如下（图 5-2）：

增加 k，分离度增加，峰明显变宽；

增加 n，峰变窄，但分离度有所改善；

增加 α，分离度增加，峰宽度不变。

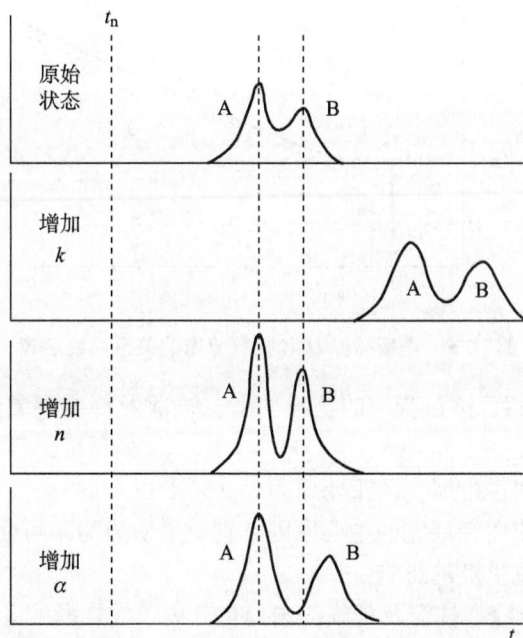

图 5-2 容量因子（k）、柱效（n）及分配系数比（α）对分离度（R）的影响

由分离方程式选择实验条件：

（1）提高 α。

α 取决于试样中各组分本身的性质，以及固定相和流动相。α 越大，固定液的选择性越好，R 越大。$\alpha = 1$，$R = 0$，两组分不可能分离。

提高 α 的方法如下：

①改变固定相和流动相的组成和性质；

②降低柱温。

（2）提高容量因子 k，k 大，R 大。

k 与固定液的用量和分配系数有关，并受柱温的影响。增加固定液的用量，可增大 R，但会延长分析时间，引起色谱峰展宽。

提高 k 的措施如下：

通过改变柱温和流动相组成，将 k 值控制为 $2 \sim 10$。

（3）提高 n。

$$R \propto \sqrt{n} = \sqrt{\frac{L}{H}} \tag{5-6}$$

如提高柱效 n，需增加色谱柱的长度 L、减小塔板高度 H、提高分离度 R。措施如下：

①制备一根性能优良的色谱柱；

②改变流动相的流速和黏度和吸附在载体上的液膜厚度，减小 H，增大 R。

2. 载气及其流速的选择

Van Deemter 通过实验发现，在载气流速很低时，峰变锐；超过某一速度后，流速增加，峰变钝。用塔板高度 H 对载气流速 u 作图（二次曲线）。曲线最低点对应的板高最小，柱效最高，此时的流速称为最佳流速，如图 5-3 所示。

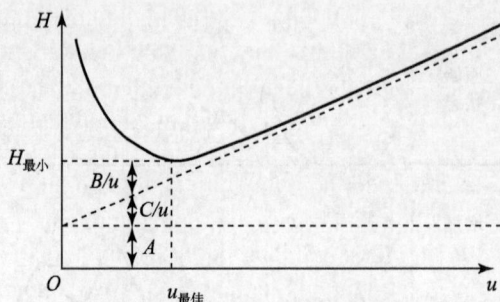

图5-3 塔板高度 H 和载气流速的关系曲线示意

Van Deemter 根据气相色谱过程中的物料平衡、扩散及传质现象与溶质运动速率关系的偏微分方程，假设：

（1）纵向扩散是造成谱带展宽的重要原因，必须予以考虑；

（2）传质阻力是造成谱带展宽的主要原因，它使平衡成为不可能；

（3）对填充柱有涡流扩散的影响。

在气相色谱中，固定液、柱温及载气的选择是分离条件选择的 3 个主要方面，用于提高柱效、降低塔板高度、提高相邻组分的分离度。在进行定量分析时，要求组分能分离完全（$R \geqslant 1.5$），这样才能获得较高的精密度和准确度。

根据范氏方程：

$$H = A + B/u + Cu \tag{5-7}$$

在曲线的最低点，塔板高度 H 最小，此时柱效最高。该点所对应的流速为最佳流速 $u_{最佳}$。$u_{最佳}$ 及 $H_{最佳}$ 可由式（5-8）微分求得：

$$\frac{dH}{du} = -\frac{B}{u^2} + C = 0 \tag{5-8}$$

即

$$u_{最佳} = \sqrt{\frac{B}{C}} \tag{5-9}$$

$$H_{最小} = A + 2\sqrt{BC} \tag{5-10}$$

当 $0 < u < \sqrt{\dfrac{B}{C}}$ 时，分子扩散项为主，采用分子量大的载气如氮气、氩气，减小扩散系数，提高柱效。

当 $u > \sqrt{\dfrac{B}{C}}$ 时，传质阻力项为主，选用分子量较小的气体，如氢气、氦气，使组分有较大的扩散系数，提高柱效。

通常 $u_{最佳实用} > u_{最佳}$，载气的选择还应与检测器匹配。

3. 柱温的选择

柱温是一个重要参数，直接影响分离效能和分析速度。

柱温升高的影响如下：

(1) 提高分析速度，缩短分析时间；

(2) 使气液传质速率加快，可降低塔板高度，改善柱效。

(3) 高于固定液"最高使用温度"，会造成柱流失。

(4) 加剧纵向扩散，降低柱效。

柱温降低的影响如下：

(1) 增大分配系数，增加柱选择性；

(2) 降低气相扩散，减少固定液流失；

(3) 延长柱寿命，降低检测本底。

柱温降低的缺点如下：

(1) 增加分析时间；

(2) 液相传质阻抗增加，峰扩张，严重时引起拖尾。

选择柱温的原则如下：

在使难分离的物质得到良好的分离、分析时间适宜，并且峰形不拖尾的前提下，尽可能采用低柱温。对于宽沸程的混合物，采取程序升温通常根据试样的沸点选择柱温、固定液用量及载体的种类(表 5 - 1)。

表 5 - 1　根据试样沸点选择柱温等条件

试样沸点范围	柱温	固定液用量	载体种类
气体、气态烃 低沸点试样	室温 ~ 100℃	20 ~ 30:100	红色担体
100℃ ~ 200℃	150℃	10 ~ 20:100	红色担体
200℃ ~ 300℃	150℃ ~ 180℃	5 ~ 10:100	白色担体
300℃ ~ 450℃	200℃ ~ 250℃	1 ~ 5:100	白色担体、玻璃

注：固定液用量为固定液：载体。

程序升温是指按预先设定的加热速度对色谱柱分期加热以使混合物中所有的组分均能在最佳温度下获得良好的分离。程序升温可以是线性的，也可以是非线性的。

4. 柱长和内径的选择

分离度正比于柱长的平方根，见式(5 - 11)：

$$\left(\frac{R_1}{R_2}\right)^2 = \frac{n_1}{n_2} = \frac{L_1}{L_2} \tag{5-11}$$

所以增加柱长对分离有利，但增加柱长会使各组分的保留时间增加，延长分析时间。因此，在满足一定分离度的条件下，应尽可能使用较短的色谱柱。填充柱柱长为 2 ~ 4 m。

增加色谱柱的内径，可以增加分离的样品量，但纵向扩散路径的增加会使柱效降低。柱内径为 4～6 mm。

5. 进样时间和进样量

（1）进样时间：进样速度必须很快，因为当进样时间太长时，试样原始宽度将变大，色谱峰半峰宽随之变宽，有时甚至使峰变形。一般的，进样时间应在 1 s 以内。

（2）进样量：

①每根柱子都有最大允许进样量。

②进样量过大，会造成色谱柱超负荷，柱效下降，峰形变宽，保留时间改变。

③最大允许进样量应控制在使峰面积和峰高与进样量呈线性关系的范围内，对于液体试样一般进样 0.1～0.2 μL。

6. 其他条件

（1）气化室温度：

①气化室温度应等于或稍高于样品的沸点，以保证迅速气化，通常高于柱温 30℃～50℃，否则色谱峰展宽，峰高下降。

②汽化室温度过高，会导致样品分解。

（2）检测器温度：

①高于柱温 30℃～50℃或等于气化室温度。

②TCD：高于柱温，温度升高灵敏度下降，温度应稳定。

③FID：100℃以上，对温度要求不高。

④ECD：温度对基流和峰高影响很大，但应具体样品具体分析。

5.2　高效液相色谱法

5.2.1　液相色谱法的基本原理

以液体为流动相的色谱法称为液相色谱法。采用普通规格的固定相及流动相常压输送的液相色谱法则为经典液相柱色谱法，其柱效低，而且一般不具备在线检测器，通常作为分离手段使用。HPLC 是以经典液相柱色谱法为基础，引入了气相色谱法的理论与实验方法，流动相改为高压输送，采用高效固定相及在线检测等手段，发展而成的分离分析方法。该法具有分离效能高、分析速度快及仪器化等特点，因而称为高效液相色谱法。

根据色谱柱所用填充剂的不同，HPLC 的分离原理有吸附色谱、分配色谱、键合相色谱、离子交换色谱、凝胶色谱等。

高效液相色谱仪由高压输液系统、进样系统、分离系统、检测系统、记录系统等五大部分组成。

液相色谱法所用的基本概念（保留值、塔板数、塔板高度、分离度、选择性等）与气相色谱法一致。液相色谱法所用的基本理论（塔板理论与速率方程）也与气相色谱法基本一致。但由于在液相色谱法中以液体代替气相色谱法中的气体作为流动相，而液体和气体的性质不相同；此外，液相色谱法所用的仪器设备和操作条件也与气相色谱法不同，所以，液相色谱法与气相色谱法有一定差别，主要有以下几方面：

（1）应用范围不同。

气相色谱法仅能分析在操作温度下能气化而不分解的物质。其对于高沸点化合物、非挥发性物质、热不稳定化合物、离子型化合物及高聚物的分离、分析较为困难，致使其应用受到一定程度的限制，据统计只有大约20%的有机物能用气相色谱法分析；而液相色谱法则不受样品挥发度和热稳定性的限制，它非常适合分子量较大、难气化、不易挥发或对热敏感的物质，离子型化合物及高聚物的分离分析，占有机物的70%～80%。

（2）液相色谱能完成难度较高的分离工作，因为：

①气相色谱法的流动相载气是色谱惰性的，不参与分配平衡过程，与样品分子无亲和作用，样品分子只与固定相相互作用。而在液相色谱法中流动相液体也与固定相争夺样品分子，这为提高选择性增加了一个因素。也可选用不同比例的两种或两种以上的液体作流动相，增大分离的选择性。

②液相色谱法的固定相类型多，如离子交换色谱和排阻色谱等，作为分析时选择余地大；而气相色谱法并不可能这样。

③液相色谱法通常在室温下操作，较低的温度一般有利于色谱分离条件的选择。

（3）由于液体的扩散性比气体的小 10^5 倍，因此，溶质在液相中的传质速率慢，柱外效应就显得特别重要；而在气相色谱中，柱外区域扩张可以忽略不计。

（4）液相色谱法中制备样品简单，回收样品也比较容易，而且回收是定量的，适合大量制备。但气相色谱法尚缺乏通用的检测器，仪器比较复杂，价格昂贵。在实际应用中，这两种色谱技术是互相补充的。

综上所述，高效液相色谱法具有高柱效、高选择性、分析速度快、灵敏度高、重复性好、应用范围广等优点。该法已成为现代分析技术的重要手段之一，目前在化学、化工、医药、生化、环保、农业等科学领域获得了广泛的应用。

5.2.2　液相色谱仪的基本组成

1. 高压输液系统

高压输液系统由溶剂贮存器、高压输液泵、梯度洗脱装置和压力表等组成。

1）溶剂贮存器

溶剂贮存器一般由玻璃、不锈钢或氟塑料制成，容量为 1～2 L，用来贮存足够数量、符合要求的流动相。

2）高压输液泵

高压输液泵是高效液相色谱仪中的关键部件之一，其功能是将溶剂贮存器中的流动相以高压形式连续不断地送入液路系统，使样品在色谱柱中完成分离过程。由于液相色谱仪所用色谱柱径较细，所填固定相粒度很小，因此，其对流动相的阻力较大，为了使流动相能较快地流过色谱柱，就需要高压泵注入流动相。

对泵的要求是：输出压力高、流量范围大、流量恒定、无脉动，流量精度和重复性为0.5%左右。此外，泵还应耐腐蚀，密封性好。

高压输液泵按其性质可分为恒压泵和恒流泵两大类。

恒流泵是能给出恒定流量的泵，其流量与流动相黏度和柱渗透无关。

恒压泵可保持输出压力恒定，而流量随外界阻力的变化而变化，如果系统阻力不发生变化，恒压泵就能提供恒定的流量。

3）梯度洗脱装置

梯度洗脱就是在分离过程中使两种或两种以上不同极性的溶剂按一定程序连续改变它们之间的比例，从而使流动相的强度、极性、pH 值或离子强度相应地变化，达到提高分离效果、缩短分析时间的目的。

梯度洗脱装置分为两类：

一类是外梯度装置（又称低压梯度），流动相在常温常压下混合，用高压泵压至柱系统，仅需一台泵即可。

另一类是内梯度装置（又称高压梯度），将两种溶剂分别用泵增压后，按电器部件设置的程序，注入梯度混合室混合，再输至柱系统。

梯度洗脱的实质是通过不断地变化流动相的强度，来调整混合样品中各组分的 k 值，使所有谱带都以最佳平均 k 值通过色谱柱。它在液相色谱法中所起的作用相当于气相色谱法中的程序升温，所不同的是，在梯度洗脱中溶质 k 值的变化是通过溶质的极性、pH 值和离子强度来实现的，而不是借改变温度（温度程序）来达到的。

2. 进样系统

进样系统包括进样口、注射器和进样阀等，它的作用是把分析试样有效地送入色谱柱上进行分离。

3. 分离系统

分离系统包括色谱柱、恒温器和连接管等部件。色谱柱一般用内部抛光的不锈钢制成。其内径为 2~6 mm，柱长为 10~50 cm，柱形多为直形，内部充满微粒固定相。柱温一般为室温或接近室温。

4. 检测器

检测器是液相色谱仪的关键部件之一。对检测器的要求是：灵敏度高、重复性好、线性范围宽、死体积小以及对温度和流量的变化不敏感等。

在液相色谱法中，有两种类型的检测器，一类是溶质性检测器，它仅对被分离组分的物理或物理化学特性有响应，属于此类检测器的有紫外吸收检测、荧光检测、电化学检测器等；另一类是总体检测器，它对试样和洗脱液总的物理和化学性质响应，属于此类检测器的有示差折光检测器等。

目前应用较多的有紫外吸收检测器、荧光检测器、电化学检测器、化学发光检测器、蒸发光散射检测器、安培检测器及示差折光检测器等。

实验 5.1　气相色谱法中色谱柱的评价与分离条件的测试

一、实验目的

（1）通过实验，了解色谱中的各个基本参数，从色谱图中学会参数的获得及各基本参数的计算。

（2）学习测定并绘制色谱柱柱效与载气流速的关系曲线，确定最佳流速。

二、实验原理

（1）在规定的色谱条件下，测定组分的死时间（t_M）及被测组分的保留时间（t_R）、半高峰宽（$W_{1/2}$）等参数，便可计算出基本色谱参数值容量因子 k、分离因子 α、分离度 R、理论塔板数 n、理论塔板高度 H。

容量因子 k 也称为保留因子、质量分配系数或分配比，为平衡时组分在固定相中的质量（m_s）与组分在流动相中的质量（m_m）的比值，见式（5－12）。k 与调整保留时间及死时间有关，见式（5－13）。

$$k = \frac{组分在固定相中的质量}{组分在流动相中的质量} = \frac{m_s}{m_m} \tag{5－12}$$

$$k = \frac{t_R - t_M}{t_M} = \frac{t_R'}{t_M} \tag{5－13}$$

分离因子 α 是色谱图中相邻两组分的容量因子的比值，也是描述相邻两组分分离效果的一个参数，见式（5－14）。

$$\alpha = \frac{k_2}{k_1} = \frac{t_{R_2}'}{t_{R_1}'} \tag{5－14}$$

分离度 R 是相邻两峰的保留时间之差与平均峰宽的比值，表示相邻两峰的分离程度。R 越大，表明相邻两组分分离越好，见式（5－15）。

$$R = \frac{t_{R_2} - t_{R_1}}{\frac{1}{2}(W_{b_1} + W_{b_2})} \tag{5－15}$$

理论塔板数 n 和理论塔板高度 H 分别用式（5－16）及式（5－17）表示：

$$n = 5.54\left(\frac{t_R}{W_{1/2}}\right)^2 = 16\left(\frac{t_R}{W}\right) \tag{5－16}$$

$$H = \frac{L}{n} \tag{5－17}$$

式中，t_R 为峰值保留时间（min）；$W_{1/2}$ 为半峰宽（min）；W 为峰宽（min）。

（2）测定不同流速 u 时对应的理论塔板高度 H，以 H 对 u 做图，如图 5－2 所示，图中最小塔板高度 $H_{\min}$ 对应的流速为最佳流速 u_{opt}。

三、仪器与试剂

1. 仪器

（1）气谱色相仪 Agilent 7890A GC，其基本组成如下：

①进样口：毛细柱进样口（S/SL）；

②检测器：氢火焰检测器（FID）；

③色谱柱：HP－5MS 毛细管柱（15m × 250μm × 0.25μm）；

④自动进样器；

⑤空气/氢气发生器。

（2）气体：氢气、干燥空气、高纯氮气（99.999%）。

2. 试剂

（1）正十二烷（分析纯）；

（2）样品：混合烷烃样品（癸烷、正十一烷、正十二烷）。

四、实验步骤

（1）检查氮气、氢气气源的状态及压力，然后打开所有气源，开启电脑及色谱仪，按照气相色谱仪的使用方法开机并使之运行正常。

（2）设置色谱条件（柱流速、进样口温度、检测器温度），并记录色谱设置条件。

（3）准确量取混合烷烃样品溶液后进样，分析色谱图并记录死时间、保留时间、相对保留时间及半峰宽。

（4）在不同载气流速下（1 mL·min^{-1}、0.8 mL·min^{-1}、0.6 mL·min^{-1}、0.4 mL·min^{-1}、0.3 mL·min^{-1}、0.2 mL·min^{-1}），分别注入正十二烷样品溶液，各两次，记录对应的死时间 t_M 和保留时间 t_R。

五、结果处理

（1）根据混合烷烃样品测得的死时间（t_M）及各组分的保留时间（t_R）、半高峰宽（$W_{1/2}$）等参数，计算基本色谱参数值容量因子 k、分离因子 α、分离度 R、理论塔板数 n、理论塔板高度 H。

（2）根据正十二烷在不同载气流速下测得的死时间 t_M、保留时间 t_R 和半峰宽（$W_{1/2}$），计算对应的理论塔板数 n、理论塔板高度 H，并绘制 $H-u$ 曲线。

实验获得的数据见表 5-2、表 5-3、表 5-4。

表 5-2　实验获得的数据 1

柱温	进样口温度	检测器温度	流速	进样量	分流比

表 5-3　实验获得的数据 2

数据 出峰顺序	t_M	t_R	t_R'	α	n	H
1						
2						
3						

表 5-4　实验获得的数据 3

流速/(mL·min^{-1})	t_M	t_R	$W_{1/2}$	n	H
1					
0.8					
0.6					

续表

流速/(mL·min⁻¹)	t_M	t_R	$W_{1/2}$	n	H
0.4					
0.3					
0.2					

思 考 题

1. 升高柱温对柱效有什么影响?
2. 计算最佳载气流速的意义是什么?

实验5.2 用气相色谱法测定食用酒中的乙醇含量

一、实验目的

(1) 了解气相色谱仪的结构、工作原理及使用方法。
(2) 掌握内标法定量的原理、方法及特点。

二、实验原理

普通白酒中通常会有 40%~50% 的乙醇,利用气相色谱分析法可以很快地对其中的乙醇含量进行测定,其具有快速、准确、简便等优点。本实验利用内标法和内标工作曲线法分别对同一样品进行定性分析,比较两种分析结果的准确度。

气相色谱法在检测过程中,当被测组分的含量很小或被测样品中并非所有组分都出峰时,不适合应用归一化法,可采用内标法。只要所要求的组分出峰就可用内标法。内标法应满足:

(1) 样品在所给定的色谱条件下具有很好的稳定性;
(2) 内标物与测定物质具有相似的保留行为;
(3) 与两个相邻峰达到基线分离;
(4) 校正因子为已知或可测定;
(5) 内标物与待测组分的浓度相近;
(6) 内标物具有较高的纯度。

方法:准确称取样品,将一定量的内标物加入其中,混合均匀后进行分析。根据样品、内标物的质量以及在色谱上产生的相应峰面积,利用式(5-18)和式(5-19)计算组分含量。

$$w_i\% = K_i \cdot \frac{A_i}{A_s} \times 100\% \tag{5-18}$$

$$K_i = \frac{f_i'}{f_s'} \cdot \frac{m_s}{m_i} = f_i \cdot \frac{m_s}{m_i} \tag{5-19}$$

式中,w_i 为试样中组分 i 的质量分数;K_i 为组分 i 的常数项;A_i 为组分 i 的峰面积;A_s 为内标物的峰面积；f_i'为组分 i 的校正因子；f_s'为内标物的校正因子；m_s为内标物的质量；m_i为组分 i 的质量；f_i为组分 i 的相对校正因子。

本实验用正丙醇为内标物，用内标法进行定量分析。实验中，先进标准样，求出乙醇对正丙醇的峰面积及相对校正因子，再进酒试样，求出试样中乙醇的质量分数。

三、仪器与试剂

1. 仪器
(1) 气相色谱仪；
(2) FID 检测器；
(3) 微量注射器(1 μL、5 μL)；
(4) 容量瓶；
(5) 移液管。

2. 试剂
(1) 白酒样(市售)；
(2) 无水正丙醇(分析纯)；
(3) 无水乙醇(分析纯)；
(4) 丙酮(分析纯)；
(5) 标准溶液的配制：用吸量管准确吸取 0.50 mL 无水乙醇和 0.50 mL 无水正丙醇于 10 mL 容量瓶中，用丙酮定容至刻线，摇匀；
(6) 样品溶液的配制：用吸量管准确吸取 1.00 mL 食用酒样品和 0.50 mL 无水正丙醇于 10 mL 容量瓶中，用丙酮定容至刻线，摇匀。

四、仪器操作条件

1. 色谱条件
(1) 色谱柱温度：90℃；
(2) 气化温度：150℃；
(3) 检测温度：130℃；
(4) 载气(N_2)的流速：40 mL·min^{-1}；载气(H_2)的流速：35 mL·min^{-1}；空气的流速：400 mL·min^{-1}(对不同仪器需要优化仪器条件)。

2. 标准溶液的测定
用微量注射器取标准溶液 0.5 μL，注入色谱柱内，记录各色谱峰的保留时间 t_R 和色谱峰面积，求出以无水正丙醇作内标物的相对校正因子。

3. 样品溶液的测定
用微量注射器取样品溶液 0.5 μL，注入色谱柱内，记录各色谱峰的保留时间 t_R 和色谱峰面积，与标准溶液的色谱图对照比较，确定样品的乙醇和正丙醇的峰位，求出样品中乙醇的含量。

思 考 题

1. 在同一操作条件下为什么可用保留时间来鉴定未知物？

2. 用内标法计算为什么要用校正因子？其物理意义是什么？
3. 内标法定量有何优点？它对内标物质有何要求？

实验 5.3　气相色谱定性定量分析

一、实验目的

（1）了解气相色谱仪的组成、工作原理以及使用方法。
（2）掌握利用保留值定性的方法。
（3）掌握气相色谱的归一化定量分析法。

二、实验原理

气相色谱法是利用试样中各组分在气相和固液两相间的分配系数不同将混合物分离、测定的仪器分析方法，特别适用于易挥发组分的分析测定。当气化后的组分被载气带入色谱柱内后，基于固定相对各组分的吸附或溶解能力的不同，使各组分在色谱柱内的行进速度不同而彼此分离，并按先后顺序离开色谱柱进入检测器，在记录器上绘制出各组分的色谱峰——色谱图。

1. 组分的定性

在一定的色谱条件下，每一种物质都有一个确定的保留值（如保留时间、保留体积及相对保留值等）。在相同条件下，未知物质的保留值和某物质对照品的保留值相同时，就可以认为该未知物与对照品为同一组分。

2. 组分的定量

依据组分色谱峰的峰高或峰面积对其进行定量分析。常用的定量方法有归一化法、外标法、内标法和标准加入法。其中归一化定量方法如下：

设试样中有 n 个组分，每个组分的质量为 m_i（$i = 1, 2, \cdots, n$），各组分含量的总和 m 为 100%。当组分 i 的质量校正因子为 f_i 时，其质量分数 w_i 见式（5-20）：

$$
\begin{aligned}
w_i &= \frac{m_i}{m} \times 100\% = \frac{m_i}{m_1 + m_2 + \cdots + m_n} \times 100\% \\
&= \frac{A_i f_i}{A_1 f_1 + A_2 f_2 + \cdots + A_n f_n} \times 100\% \\
&= \frac{A_i}{A_1 + A_2 + \cdots + A_n} \times 100\% \quad （当 f_1 = f_2 = \cdots = f_n 时）
\end{aligned}
\tag{5-20}
$$

三、仪器和试剂

1. 仪器

（1）气相色谱仪 Agilent 7890A GC，其基本组成如下：
①进样口：毛细柱进样口（S/SL）；
②检测器：氢火焰检测器（FID）；
③色谱柱：HP-5MS 毛细管柱（15m×250μm×0.25μm）；

④自动进样器；

⑤空气/氢气发生器。

（2）气体：氢气、干燥空气、高纯氮气(99.999%)。

2. 试剂

（1）苯(分析纯)；

（2）甲苯(分析纯)；

（3）乙苯(分析纯)；

（4）样品：苯系物混合物样品(苯、甲苯、乙苯)。

四、实验步骤

（1）检查氮气、氢气气源的状态及压力，然后打开所有气源，开启电脑及色谱仪，按照气相色谱仪的使用方法开机并使之正常运行。

（2）设置色谱条件(柱流速、进样口温度、检测器温度)，并记录色谱设置条件。

（3）准确量取苯系物的混合溶液后进样，记录死时间、保留时间、相对保留时间。

（4）分别量取3个苯系物纯样后进样，根据组分的保留时间定性。

（5）分别从仪器脱机程序中输出苯系物混合样品数据和单样数据，用 origin 软件绘制色谱图。

（6）在相同的色谱条件下，根据色谱工作站计算的峰面积，采用归一化法计算样品溶液中各组分的质量分数。

五、数据分析

（1）根据单个苯系物的色谱数据，对混合苯系物样品色谱图和色谱峰进行定性。

（2）采用归一化法计算混合苯系物溶液中各组分的质量百分含量。

（3）计算理论塔板数。

实验获得的数据见表 5 - 5、表 5 - 6。

表 5 - 5　实验获得的数据 1

柱温	进样口温度	检测器温度	流速	进样量	分流比

表 5 - 6　实验获得的数据 2

出峰顺序＼数据	t_M	t_R	t'_R	N	定性	峰面积	质量百分数
1							
2							
3							

思 考 题

1. 如何确定色谱图上各主要峰的归属？

2. FID 检测器定量的依据是什么？

实验5.4　高效液相色谱柱效能的评定

一、实验目的

（1）了解高效液相色谱仪的基本结构。
（2）初步掌握高效液相色谱仪的基本操作方法。
（3）学习高效液相色谱柱效能的评定及分离度的测定方法。

二、实验原理

组分在液体中的扩散系数只有在气体中的 $1/10^5 \sim 1/10^6$，因此在范德华方程中的分子扩散项对理论塔板高度的贡献很小，而影响理论塔板高度的主要因素是涡流扩散项和传质阻力项。只要采用粒径为数微米，且填充紧密、均匀，一定能获得较高的柱效。

苯、萘、联苯分子非极性部分的总表面积不同，缔合能力不同，其保留时间也不同。通过计算色谱峰的理论塔板数以及各个化学物质间的分离度可评价色谱柱的效能。

三、仪器与试剂

1. 仪器
（1）高效液相色谱仪（带自动进样器，或配置微量进样器）；
（2）分析天平；
（3）容量瓶；
（4）微量进样器。

2. 试剂
（1）苯、萘、联苯（均为分析纯）；
（2）甲醇（色谱纯）；
（3）纯净水。

四、实验步骤

1. 色谱条件
色谱柱：C18，4.6 mm×150 mm，5 μm；
流动相：甲醇 – 水（80:20，v/v）；
流速：1 mL·min^{-1}；
检测波长：254 nm；
柱温：30℃；
进样量：10μL。

2. 操作步骤
分别精密配制含苯、萘、联苯浓度均为约 1 mg·mL^{-1} 的 3 份对照品溶液各 10 mL。
分别精密吸取上述对照品溶液各 2 mL 置于 10 mL 容量瓶中，加流动相稀释，并定容至刻度，摇匀，得到含苯、萘、联苯的混合对照品溶液。

按照上述色谱条件操作，进样，记录色谱图。

计算各色谱峰的理论塔板数及各峰间分离度。

3. 实验数据处理

记录实验条件，测试各试样后记录苯、萘、联苯的保留时间、峰宽、半峰宽，计算出各物质对应的理论塔板数，填写于表 5-7 中。根据保留时间与峰宽信息，计算相邻物质之间的分离度。

表 5-7　实验获得的数据

组分	试验号	t_R/min	W/min	$W_{1/2}$/min	n/(塔板·m^{-1})
苯	1				
	2				
	平均				
萘	1				
	2				
	平均				
联苯	1				
	2				
	平均				

分离度按式(5-15)计算。柱效按式(5-16)计算。

思 考 题

1. 如何用实验方法判别色谱图上苯、萘、联苯的色谱峰归属？
2. 如何改变色谱条件，以减小苯、萘、联苯的保留时间？
3. 若实验中的色谱峰无法完全分离，应如何改变实验条件以获得改善？

实验5.5　用高效液相色谱法测定人血浆中扑热息痛的含量

一、实验目的

（1）进一步掌握高效液相色谱仪的基本结构和基本操作方法。
（2）了解人血浆中扑热息痛的提取方法。
（3）掌握用保留值进行定性分析及用标准曲线进行定量分析的方法。

二、实验原理

扑热息痛是最常用的非甾体抗炎解热镇痛药，其解热作用与阿司匹林相似，镇痛作用较弱，无抗炎抗风湿作用，是乙酰苯胺类药物中最好的品种，用于感冒、牙痛等症。健康人在口服药物 15 min 以后，药物已进入血液。1~2 h 内，人的血液中药物含量达到极大值。用高效液相色谱法测定人血浆中的药物浓度，可以研究药物在人体内的代谢过程及不同厂家的药物在人体内的吸收情况的差异。扑热息痛的结构如图 5 - 4 所示。

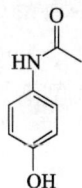

图 5 - 4 扑热息痛的结构

本实验采用扑热息痛纯品进行定性分析，找出健康人血浆中扑热息痛在色谱图中的位置，然后以健康人血浆为本底做标准曲线。从标准曲线中找出并算出人血浆中扑热息痛的含量。

三、仪器与试剂

1. 仪器
(1) 高效液相色谱仪(带自动进样器，或配置微量进样器)；
(2) 分析天平；
(3) 容量瓶；
(4) 微量进样器；
(5) 10 mL 离心管。

2. 试剂
(1) 甲醇(分析纯)；
(2) 扑热息痛(分析纯)；
(3) 三氯乙酸(分析纯)；
(4) 乙腈(色谱纯)；
(5) 纯净水。

四、实验步骤

1. 色谱条件
色谱柱：C18，4.6 mm×150 mm，5 μm；
流动相：水 - 乙腈(90：10，v/v)；
流速：1 mL·min^{-1}；
检测波长：254 nm；
柱温：30℃；
进样量：10 mL。

2. 操作步骤
(1) 按操作说明书启动仪器。
(2) 标准曲线所用样品的预处理：取健康人血浆 0.5 mL 置于 10 mL 离心管中，加扑热息痛标准品使其含量分别为 $0.0\ \mu g \cdot mL^{-1}$、$0.5\ \mu g \cdot mL^{-1}$、$1.0\ \mu g \cdot mL^{-1}$、$2.0\ \mu g \cdot mL^{-1}$、$5.0\ \mu g \cdot mL^{-1}$、$10.0\ \mu g \cdot mL^{-1}$，再加20%的三乙醇胺甲醇溶液 $0.25\ mL$，振荡 1 min，离心 5 min。

（3）未知血样的预处理：取未知血样的血浆 $0.5\ mL$ 置于 10 mL 离心管中，加20%的三乙醇胺甲醇溶液 $0.25\ mL$，振荡 1 min，离心 5 min。

（4）取去离心后的上清液 20 μL，注入色谱柱，进行色谱扫描。除空白血浆离心液外，每一浓度需进行三次测量。

3. 实验数据处理

计算标准曲线的回归方程，由标准曲线计算未知血样中扑热息痛的浓度。

思 考 题

1. 如何计算本实验的回收率？

2. 为什么要作空白血样的分析？

3. 除用标准曲线法定量外，还可采用什么定量方法？其各有什么优缺点？

实验 5.6　用毛细管区带电泳法测定碳酸饮料中的防腐剂

一、实验目的

（1）通过本实验了解食品中防腐剂的种类及 HPLC 的操作技术。

（2）掌握用最小二乘法处理分析数据的方法，并对食品中的防腐剂进行定量测定。

二、实验原理

为了防止食品在贮藏过程中发霉、变质，人们经常在食品中添加少量防腐剂来延长食品的保存、保质期，但防腐剂使用的品种及数量在食品卫生标准中有严格规定，一般为1/1 000 ~ 2/1 000。苯甲酸和山梨酸以及它们的钠盐、钾盐是食品卫生标准允许使用的两种主要防腐剂。这些防腐剂常用的测定方法有薄层色谱法、气相色谱法、液相色谱法、紫外光谱法等，但这些方法的前处理比较烦琐、费力费时且分离效率不高。毛细管区带电泳法只需用微孔滤膜过滤即可，分离效率很高，理论塔板数可达几十万。

三、仪器与试剂

1. 仪器

（1）毛细管区带电泳仪；

（2）容量瓶；

（3）微量进样器。

2. 试剂

（1）缓冲溶液：用去离子水配制 10 mmol · L^{-1} 的硼砂和 10 mmol · L^{-1} 的十二烷基磺酸钠（SDS）各 100 mL，等体积混合；

（2）1 000 mg · L^{-1} 山梨酸标准溶液：称取 0.100 0 g 山梨酸，用 100 mL 容量瓶定容；

（3）未知样品。

四、实验步骤

1. 色谱条件

（1）毛细管柱：50 μm i.d. ×40/47cm 石英毛细管；

（2）分离电压：20 kV（正极进样，负极检测）；

（3）分离时间：20 min；

（4）进样时间：30 s（压差进样）；

（5）进样高度：10 cm；

（6）检测器：紫外 254 nm。

2. 溶液的配制

取 1 000 mg·L^{-1}山梨酸标准溶液分别稀释成 20 mg·L^{-1}、40 mg·L^{-1}、60 mg·L^{-1}、80 mg·L^{-1}、100 mg·L^{-1}的山梨酸标准溶液。

3. 标准工作曲线的绘制

采用液体压差进样，分别测定上述 5 种溶液，每一试样测定 2～3 次，取其平均值，根据峰面积做出标准工作曲线，用最小二乘法计算出线性方程式及相关系数。

4. 食品中防腐剂含量的测定

按与标样相同的条件测定，并根据工作曲线求出待测食品中山梨酸的质量浓度。

五、数据处理

（1）绘制山梨醇标准工作曲线：浓度对峰面积做图。

（2）计算未知样品的质量浓度。

思 考 题

讨论电压、进样时间、缓冲溶液的 pH 值以及环境温度对分离效果的影响。

实验5.7　用离子色谱法测定地表水中的痕量阴离子

一、实验目的

（1）学习离子色谱分析的基本原理及其操作方法。

（2）了解常见阴离子的测定方法。

（3）了解微膜抑制器的工作原理。

二、实验原理

离子色谱法（Ion Chromatography，IC）是色谱法的一个分支，它是将色谱法的高效分离技术和离子的自动检测技术相结合的一种分析技术。物质在离子交换柱上或涂渍离子交换剂的纸上进行离子交换反应，由于它所含有的离子特性具有差异，故产生不同的迁移而得以分离，再配以适当的检测器进行检测。它具有以下优点：可同时测定多组分的离子化合物，分析灵敏度高，重现性好，选择性好，分析速度快。根据分离机理的不同它可分为双柱抑制型离子色谱法、单柱非抑制型离子色谱法、流动相离子色谱法和离子排斥色谱法。用于离子色谱法的检测器有电导检测器、紫外可见光度检测器、荧光光度检测器、安培检测器等。离子色谱定性定量分析和一般色谱法相似，具有多组分同时测定的能力，但是需要标准物质对照。离子色谱法已广泛应用于化学、能源、环境、电子工业、电镀、食品、地质、水文、医疗卫生、造纸、石油化工、纺织等领域的各种分析，尤在阴离子分析方面具有独到之处。

不同阴离子（如 F^-、Cl^-、NO_3^-、NO_2^-、SO_4^{2-}、PO_4^{3-}）等与低交换容量的阴离子树脂的亲和力不同，这使之得以分离，利用微膜抑制器，可提高电导检测的灵敏度，使微量阴离子得到准确显示，从而根据峰高或峰面积测出相应含量。

三、仪器与试剂

1. 仪器

（1）离子色谱仪：EASY2000 EASY 色谱数据工作站，含阴离子分析柱、电导检测器；

（2）超声波发生器；

（3）注射器（1 mL）；

（4）容量瓶。

2. 试剂

（1）Na_2CO_3、$NaHCO_3$（均为优级纯）。

（2）去离子水，其电导率 <2 μs。

（3）地表水。

（4）5 种阴离子标准贮备液的配制。分别称取适量的 NaF、KCl、K_2SO_4（于 105 ℃ 下烘干 2 h，保存在干燥器内）、$NaNO_3$、NaH_2PO_4（于干燥器内干燥 24 h 以上）溶于水中，各转移到 1 000 mL 容量瓶中，然后各加入 10.00 mL 洗脱贮备液，并用水稀释至刻度，摇匀备用。5 种标准贮备液中各阴离子的浓度均为 1.00 mg·mL^{-1}。

（5）5 种阴离子的标准混合使用液的配制。上述 5 种标准贮备液的体积见表 5-8。

表 5-8　配制标准混合使用液所需 5 种储备液的体积

标准贮备液	F^-	Cl^-	NO_3^-	SO_4^{2-}	$H_2PO_4^-$
V/mL	0.30	0.50	1.00	2.50	2.50

吸取各标准贮备液于同一个 100 mL 容量瓶中，再加入 1.00 mL 洗脱贮备液，然后用水稀释至刻度，摇匀。

（6）洗脱贮备液（$NaHCO_3$ - Na_2CO_3）的配制。分别称取一定量的 $NaHCO_3$ 和 Na_2CO_3（于 105 ℃ 下烘干 2 h，并保存在干燥器内），溶于水中，并转移到 100 mL 容量瓶中，用水稀释至刻度，摇匀。该洗脱贮备液中 $NaHCO_3$ 和 Na_2CO_3 的浓度为色谱柱所需浓度。

（7）洗脱使用液（即洗脱液）的配制。吸取上述洗脱贮备液 10.00 mL 于 1 000 mL 容量瓶中，用水稀释至刻度，摇匀，用 0.45 μm 的微孔滤膜过滤，即得 0.003 1 mol·L^{-1} $NaHCO_3$ - 0.0024 mol·L^{-1} Na_2CO_3 的洗脱液，备用。

四、实验内容

(1) 实验条件：YSA8 型分离柱；抑制器，抑制电流为 80 ~ 90 mA；洗脱液（$NaHCO_3$ – Na_2CO_3）流量：1.5 ~ 2.0 mL·min^{-1}；进样量为 200 μL。

(2) 打开电源，开启平流泵电源，流量调至 1.5 mL·min^{-1}。测压，打开电导检测器，按下"调零"按钮，打开 EASY 数据工作站，按操作指南使用该色谱仪数据工作站。

(3) 吸取上述 5 种阴离子标准贮备液各 0.50 mL，分别置于 5 只 50 mL 容量瓶中，各加入洗脱贮备液 0.50 mL，加水稀释至刻度，摇匀，即得各阴离子标准使用液。

(4) 将仪器调至进样状态，吸取 1 mL 各阴离子标准使用液进样，再把旋钮打至分析状态，同时启动"开始"键，样品开始进行分析，记录色谱图，各样品重复进样两次。

(5) 工作曲线的绘制。分别吸取阴离子标准混合使用液 1.00 mL，2.00 mL，4.00 mL，6.00 mL，8.00 mL 于 5 只 10 mL 容量瓶中，各加入 0.1 mL 洗脱贮备液，然后用水稀释到刻度，摇匀，分别吸取 1 mL 进样，记录色谱图。各种溶液分别重复进样两次。

(6) 取未知水样 1.00 mL，加 0.10 mL 洗脱贮备液，稀释至 10 mL，摇匀，取 0.20 mL 按同样的实验条件进样，记录色谱图，重复进行两次。

五、数据记录与处理

(1) 按照 EASY 工作站使用手册，分别绘制各标准工作曲线。
(2) 计算出未知液中各组分的含量。
(3) 打印分析结果和色谱图。

思 考 题

1. 电导检测器为什么可用作离子色谱分析的检测器？
2. 为什么在每一试样溶液中都要加入 1% 的洗脱液成分？

实验 5.8　用凝胶色谱法（GPC）测定高分子聚合物的分子量分布

一、实验目的

(1) 了解凝胶渗透色谱的测量原理，初步掌握 GPC 的进样、淋洗、接收、检测等操作技术。

(2) 掌握分子量分布曲线的分析方法，得到样品的数均分子量、重均分子量和多分散性指数。

二、实验原理

合成聚合物一般是由不同分子量的同系物组成的混合物，其具有两个特点：分子量大；同系物的分子量具有多分散性。目前在表示某一聚合物分子量时一般同时给出其平均分子量和分子量分布。分子量分布是指聚合物中各同系物的含量与其分子量间的关系，可以用聚合物的分子量分布曲线来描述。聚合物的物理性能与其分子量和分子量分布密切相关，因此对聚合物的分子量和分子量分布进行测定具有重要的科学和实际意义。同时，由于聚合物的分子量和分子量分布是由聚合过程的机理所决定的，通过聚合物的分子量和分子量分布与聚合时间的关系可以研究聚合机理和聚合动力学。测定聚合物分子量的方法有多种，如黏度法、端基分析法、超离心沉降法、动态/静态光散射法和凝胶色谱法（GPC）等。测定聚合物分子量分布的方法主要有三种：

（1）利用聚合物溶解度对分子量的依赖性，将试样分成分子量不同的级分，从而得到试样的分子量分布，例如沉淀分级法和梯度淋洗分级法。

（2）利用聚合物分子链在溶液中的分子运动性质得出分子量分布，例如超速离心沉降法。

（3）利用聚合物体积对分子量的依赖性得到分子量分布，例如体积排除色谱法（也称为凝胶色谱法）。

凝胶色谱法具有快速、精确、重复性好等优点，目前已成为科研和工业生产领域测定聚合物分子量和分子量分布的主要方法。

1. 分离机理

GPC 是液相色谱法的一个分支，其分离部件是一个以多孔性凝胶作为载体的色谱柱，凝胶的表面与内部含有大量彼此贯穿、大小不等的空洞。色谱柱总面积 V_t 由载体骨架体积 V_g、载体内部孔洞体积 V_i 和载体粒间体积 V_0 组成。GPC 的分离机理通常用"空间排斥效应"解释。待测聚合物试样以一定速度流经充满溶剂的色谱柱，溶质分子向填料孔洞渗透，渗透几率与分子尺寸有关，分为以下三种情况：（1）高分子尺寸大于填料所有孔洞孔径，高分子只能存在于凝胶颗粒之间的空隙中，淋洗体积 $V_e = V_0$，为定值；（2）高分子尺寸小于填料所有孔洞孔径，高分子可在所有凝胶孔洞之间填充，淋洗体积 $V_e = V_0 + V_i$，为定值；（3）高分子尺寸介于前两种之间，较大分子渗入孔洞的概率比较小分子渗入孔洞的概率要小，在柱内流经的路程要短，因而在柱中停留的时间也短，从而达到了分离的目的。当聚合物溶液流经色谱柱时，较大的分子被排除在粒子的小孔之外，只能从粒子间的间隙通过，速率较快；而较小的分子可以进入粒子中的小孔，通过的速率要慢得多。经过一定长度的色谱柱，分子根据相对分子质量被分开，相对分子质量大的在前面（即淋洗时间短），相对分子质量小的在后面（即淋洗时间长）。自试样进柱到被淋洗出来，所接受到的淋出液总体积称为该试样的淋出体积。当仪器和实验条件确定后，溶质的淋出体积与其分子量有关，分子量越大，其淋出体积越小。分子的淋出体积为：

$$V_e = V_0 + kV_i \qquad\qquad (5-21)$$

式中，k 为分配系数，$0 \leqslant k \leqslant 1$，分子量越大越趋于 1。

对于上述第 1 种情况，$k = 0$；对于第 2 种情况，$k = 1$；对于第 3 种情况，$0 < k < 1$。

综上所述，对于分子尺寸与凝胶孔洞直径匹配的溶质分子来说，都可以在 V_0 至 $V_0 + V_i$ 淋洗体积之间按照分子量由大到小一次被淋洗出来。

2. 检测机理

除了将分子量不同的分子分离开来，还需要测定其含量和分子量。实验中用示差折光仪测定淋出液的折光指数与纯溶剂的折光指数之差 Δn，而在稀溶液范围内 Δn 与淋出组分的相对浓度 Δc 成正比，则以 Δn 对淋出体积（或时间）做图可表征不同分子的浓度。图 5-5 所示为折光指数之差 Δn（浓度响应）对淋出体积（或时间）做图得到的 GPC 谱图示意。

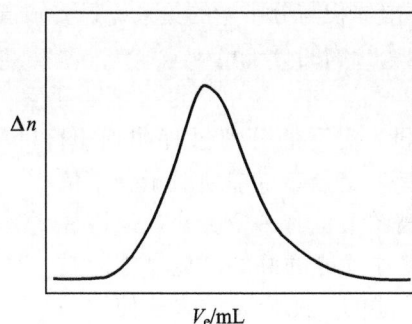

图 5-5　折光指数之差 Δn 对淋出体积做图得到的 GPC 谱图示意

3. 校正曲线

用已知相对分子质量的单分散标准聚合物预先做一条淋洗体积或淋洗时间和相对分子质量对应关系曲线，该线称为"校正曲线"。聚合物中几乎找不到单分散的标准样，一般用窄分布的试样代替。在相同的测试条件下，做一系列 GPC 标准谱图，对应不同相对分子质量样品的保留时间，以 $\lg M$ 对 t 做图，所得曲线即"校正曲线"；用一组已知分子量的单分散聚合物标准试样，以它们的峰值位置的 V_e 对 $\lg M$ 做图，可得 GPC 校正曲线，如图 5-6 所示。

由图 5-6 可见，当 $\lg M > a$ 与 $\lg M < b$ 时，曲线与纵轴平行，这说明此时的淋洗体积与试样分子量无关。$(V_0 + V_i) \sim V_0$ 是凝胶选择性渗透分离的有效范围，即标定曲线的

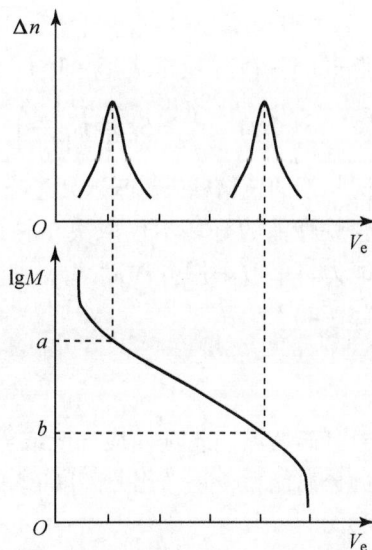

图 5-6　GPC 校正曲线示意

直线部分，一般在这部分分子量与淋洗体积的关系可用简单的线性方程(5-22)表示：

$$\lg M = A + BV_e \tag{5-22}$$

式中，A、B 为常数，与聚合物、溶剂、温度、填料及仪器有关，其数值可由校正曲线得到。

对于不同类型的高分子，在分子量相同时其分子尺寸并不一定相同。用某一聚合物的标准样品(PS)作为标准样品得到的校正曲线不能直接应用于其他类型的聚合物。而许多聚合物不易获得再分布的标准样品进行标定，因此希望能借助某一聚合物的标准样品在某种条件下测得的标准曲线，通过转换关系在相同条件下用于其他类型的聚合物试样。这种校正曲线称为普适校正曲线。根据 Flory 流体力学体积理论，对于柔性链，当两种高分子具有相同的流体力学体积时，则有式(5-23)成立：

$$[\eta]_1 M_1 = [\eta]_2 M_2 \tag{5-23}$$

再将 Mark - Houwink 方程 $[\eta] = KM^\alpha$ 代入式(5-23)可得式(5-24)：

$$\lg M_2 = \frac{1}{1 + \alpha_2}\lg\frac{k_1}{k_2} + \frac{1 + \alpha_1}{1 + \alpha_2}\lg M_1 \tag{5-24}$$

由此，如已知在测定条件下两种聚合物的 k、α 值，就可以根据标准试样的淋出体积与

分子量的关系换算出试样的淋出体积与分子量的关系，只要知道某一淋出体积的分子量 M_1，就可算出同一淋出体积下其他聚合物的分子量 M_2。

4. 柱效率和分离度

与其他色谱分析方法相同，实际的分离过程非理想，同分子量试样在 GPC 谱图上有一定分布，即使对于分子量完全均一的试样，其在 GPC 谱图上也有一个分布。采用柱效率和分离度能全面反映色谱柱性能的好坏。色谱柱的效率是采用理论塔板数 n 进行描述的。测定 n 的方法使用一种分子量均一的纯物质，如邻二氯苯、苯甲醇、乙腈和苯等作 GPC 测定，得到色谱峰，如图 5-7 所示。

从图 5-7 中得到峰顶位置淋出体积 V_R（或时间），峰底宽 W，按照式（5-25）［或按式（5-16）］计算 n：

$$n = 16 \left(\frac{V_R}{W} \right)^2 = 5.54 \left(\frac{V_R}{W_{1/2}} \right)^2 \qquad (5-25)$$

对于相同长度的色谱柱，n 值越大意味着柱效越高。

GPC 色谱柱性能的好坏不仅取决于柱效，还取决于色谱柱的分辨能力，一般采用分离度 R，用式（5-26）［或用分离方程式（5-4）］表示：

$$R = \frac{2(V_2 - V_1)}{W_1 + W_2} \qquad (5-26)$$

对于完全分离情形，此时 R 应大于或等于 1，当 R 小于 1 时分离是不完全的。为了相对比较色谱柱的分离能力，定义比分离度 R_s，它表示分子量相差 10 倍时的组分分离度，定义为式（5-27）：

$$R_S = \frac{2(V_2 - V_1)}{(W_1 + W_2)(\lg M_{W_1} - \lg M_{W_2})} \qquad (5-27)$$

图 5-7　柱效率和分离度示意

三、仪器与试剂

1. 仪器

本实验采用 Waters 1515 Isocratic HPLC 型凝胶色谱仪（带有示差折光检测装置，B 型号色谱管×2）。凝胶色谱仪主要由输液系统、进样器、色谱柱（可分离分子量范围为 $2 \times 10^2 \sim 2 \times 10^6$）、示差折光仪检测器、记录系统等组成。

2. 试剂

（1）质量分数为 3‰ 的聚苯乙烯溶液试样；

（2）一系列不同分子量的窄分布聚苯乙烯溶液；

（3）四氢呋喃（分析纯）。

四、实验步骤

（1）调试运行仪器。选择匹配的色谱柱，在实验条件下测定校正曲线（一般是 40℃）。这一步一般由任课老师事先准备。

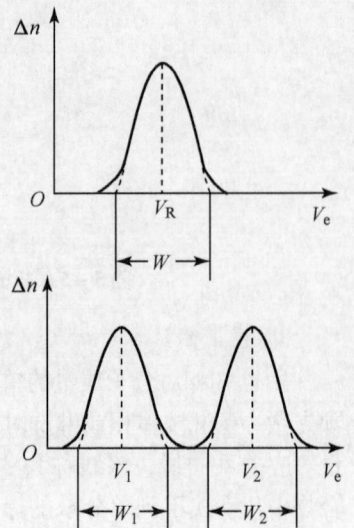

（2）配制试样溶液。使用纯化后的分析纯溶剂配制试样溶液，浓度为3‰。使用分析纯溶剂，需经过分子筛过滤，配置好溶液需静置一天。这一步一般由任课老师事先准备。

（3）用注射器吸取四氢呋喃，进行冲洗，重复几次，然后吸取5 μL试样溶液，排除注射器内的空气，将针尖擦干。

将六通阀扳到"准备"位置，将注射器插入进样口，调整软件及仪器到准备进样状态，将试样液缓缓注入，而后迅速将六通阀扳到"进样"位置。将注射器拔出，并用四氢呋喃清洗。

抽取试样时注意赶走内部的空气；试样注入至调节六通阀至"注入"位置的过程中注射器严禁抽取或拔出。在注入试样时，进样速度不宜过快。速度过快，可能导致定量环内靠近壁面的液体难以被赶出，从而影响进样的量；速度稍慢可以使定量环内部的液体被完全平推出去。

（4）获取数据。

（5）实验完成后，用纯化后的分析纯溶剂清洗色谱柱。

五、实验数据记录和结果分析

实验参数如下：

（1）色谱柱；

（2）内部温度；

（3）外加热器温度；

（4）流量；

（5）进样体积；

凝胶色谱仪都配有数据处理系统，同时给出GPC谱图（如图5-8所示）和各种平均分子量和多分散系数。

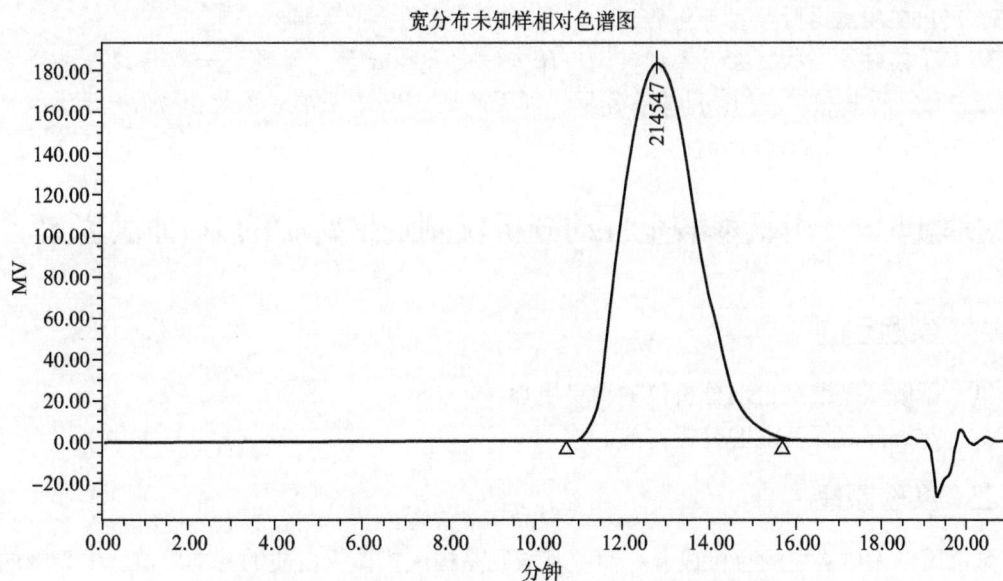

图5-8 凝胶色谱仪给出的宽分布未知样相对色谱图

切片面积对淋出体积(时间)做图得到样品淋出体积与浓度的关系，以切片分子量对淋出体积(时间)做图得到淋出体积与分子量的关系。记 i 为切片数，A_i 为切片面积，则第 i 级分的质量分数 w_i 由式(5-28)计算：

$$w_i = \frac{A_i}{\sum A_i} \times 100\% \qquad (5-28)$$

至第 i 级分的累计质量分数 I_i 由式(5-29)计算：

$$I_i = \frac{1}{2}w_i + \sum_{i=1}^{i-1} w_i \qquad (5-29)$$

数均分子量 M_n 见式(5-30)：

$$\overline{M_n} = \frac{1}{\sum_i \frac{w_i}{M_i}} \qquad (5-30)$$

重均分子量 M_w 见式(5-31)：

$$\overline{M_w} = \sum_i w_i M_i \qquad (5-31)$$

分散度 d 见式(5-32)：

$$d = \frac{\overline{M_w}}{\overline{M_n}} \qquad (5-32)$$

以 I_i 对 M_i 做图，得到积分分子量分布曲线；以 w_i 对 M_i 做图，得到微分分子量分布曲线。

思 考 题

1. 用 GPC 方法测定分子量为什么属于间接法？总结一下测定分子量的方法，哪些是绝对方法？哪些是间接方法？其优缺点如何？

2. 列出实验测定时某些可能的误差，其对分子量的影响如何？

3. 对于某种聚合物，在得不到其 $M-H$ 方程的 k 和 α 值，且通过分级得到一系列窄分布样品并已测得其相对应的 $[\eta]$ 的条件下，可否通过 GPC 方法求得该聚合物的分子量及 k 和 α 值？如果可以，应该如何进行？

实验5.9　用氨基酸全自动分析仪测定牛奶中的16种氨基酸

一、实验目的

(1) 了解氨基酸全自动分析仪的测量原理。

(2) 掌握测定氨基酸的分析方法。

二、实验原理

蛋白质是人体必需的有机成分，而氨基酸则是构成机体蛋白质的基本单位。牛奶中的氨基酸主要有18种，包括苏氨酸(Thr)、缬氨酸(Val)、亮氨酸(Leu)、异亮氨酸(Ile)、苯丙氨酸(Phe)、蛋氨酸(Met)、色氨酸(Trp)、赖氨酸(Lys)、组氨酸(His)、甘氨酸(Gly)、丝氨酸(Ser)、丙氨酸(Ala)、天冬氨酸(Asp)、谷氨酸(Glu)、酪氨酸(Tyr)、脯氨酸(Pro)、胱氨酸(Cys)和精氨酸(Arg),其中前9种为婴幼儿必需的氨基酸。应用于氨基酸分析的方法很多,包括柱后衍生高效阳离子交换色谱法、柱前衍生反相高效液相色谱法、高效阴离子交换色谱–积分脉冲安培检测法等。其中柱后衍生高效阳离子交换色谱法被认为是氨基酸分析的经典方法,早在20世纪60年代初,运用该法研制的氨基酸分析仪便已问世,如今的氨基酸全自动分析仪早已实现了程序控制自动化和数据处理电脑化。

柱后衍生高效阳离子交换色谱法是样品经离子交换层析后,各种氨基酸与茚三酮反应形成紫色化合物,如图5-9所示。最大光吸收在波长570 nm处,摩尔消光系数为2×10^4,茚三酮和二级胺(脯氨酸和羟脯氨酸)形成黄色产物,在波440 nm处检出,摩尔消光系数为3×10^3。目前此法的灵敏度可达100 pmol,但茚三酮试剂易氧化,必须隔绝空气避光保存,试剂本身黏性大,需要有柱后混合器才能与氨基酸充分反应,对仪器要求较高。

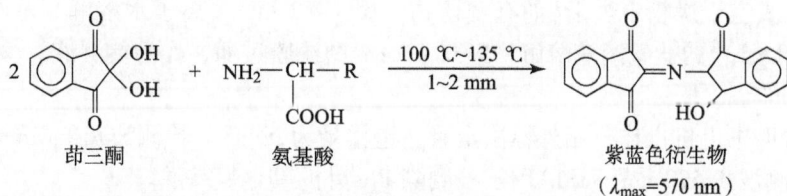

图5-9　氨基酸与茚三酮的反应

先用盐酸将奶粉中的蛋白质水解为游离氨基酸,再通过氨基酸全自动分析仪对其中的16种氨基酸(Trp和Cys除外)进行测定。通过盐酸水解、氨基酸全自动分析仪能使奶粉中的16种氨基酸(Thr、Val、Leu、Ile、Phe、Met、Lys、Gly、Ser、Ala、Asp、Glu、Tyr、His、Pro、Arg)得到十分理想的分离效果。

三、仪器和试剂

1. 仪器

(1) 电子分析天平;

(2) 电热恒温干燥箱;

(3) 真空干燥箱;

(4) SHZ-D(Ⅲ)循环水多用真空泵;

(5) L-8900氨基酸全自动分析仪;

(6) 容量瓶;

(7) 烧杯;

(8) 搅拌棒;

(9) 三通管;

(10) 医用止血钳;

(11) 高纯氮气(99.99%)钢瓶。

2. 试剂

(1) 氨基酸液体混标(各氨基酸含量均为2 500 $\mu mol \cdot L^{-1}$);

(2) 茚三酮显色液;

（3）16 种氨基酸固体单标；

（4）蛋白质水解分析缓冲液（pH – 1#、pH – 2#、pH – 3#、pH – 4#）及再生溶液（pH – RG）（日本关东公司）；

（5）去离子水。

四、实验步骤

1. 样品前处理

称取混合均匀的奶粉 0.1g（精确至 0.000 1 g）置于水解管中，加入 10～15 mL 6 mol·L^{-1} 的盐酸。接上真空泵抽真空 10 min 至接近 0 Pa，充氮气后用酒精喷灯烧管封口，并将封口严密的水解管放在（110±1）℃的恒温干燥箱内水解 22 h 后取出冷却。打开水解管，将水解液全部转入 25 mL 容量瓶中，用去离子水定容至刻度。取滤液 1 mL 置于 25 mL 小烧杯中，在 40℃～50℃的真空干燥箱中烘干（如有残留物，用 1～2 mL 去离子水溶解，再干燥）。加入 5 mL 0.02 mol·L^{-1} 的盐酸溶液溶解，经 0.22 μm 的滤膜过滤，作为待测液。

2. 定量分析

按仪器说明书上机操作，用外标法定量，进样量为 20 μL。检测波长 440 nm（VIS2）用于检测 Pro，检测波长 570 nm（VIS1）用于检测除 Pro 外的其他氨基酸。

由 16 种氨基酸固体单标的 0.1 mol·L^{-1} 的 HCl 溶液确定氨基酸的种类。

用 0.1 mol·L^{-1} 的 HCl 溶液将原装氨基酸混标液分别稀释成浓度为 12.5 μmol·L^{-1}、25 μmol·L^{-1}、50 μmol·L^{-1}、100 μmol·L^{-1}、150 μmol·L^{-1}、200 μmol·L^{-1}、250 μmol·L^{-1} 的溶液，上机进样测定，得到相应的峰面积，以标样质量浓度为横坐标，以峰面积为纵坐标，分别绘制出 16 种氨基酸的标准曲线，从而获得相应的回归方程和线性相关系数。

将待测液进样，利用标准曲线查出奶粉中各种氨基酸的含量。

思 考 题

试述柱后衍生高效阳离子交换色谱法的原理。

第六章

其他仪器分析实验

实验6.1　用高分辨质谱法确定化合物的结构

一、实验目的

（1）学习质谱分析的基本原理。

（2）了解质谱仪的基本构造、工作原理及操作方法。

（3）学习质谱图解析的基本方法。

二、实验原理

质谱分析法主要是通过对样品的离子的质荷比的分析而实现对样品进行定性和定量的一种方法。因此，质谱仪都必须有电离装置把样品电离为离子，由质量分析装置把不同质荷比的离子分开，经检测器检测之后可以得到样品的质谱图，由于有机样品、无机样品和同位素样品等具有不同的形态、性质和不同的分析要求，所以，它们所用的电离装置、质量分析装置和检测装置有所不同。但是，不管是哪种类型的质谱仪，其基本组成是相同的，都包括离子源、质量分析器、检测器和真空系统。

离子源的作用是将欲分析样品电离，得到带有样品信息的离子。质谱仪的离子源种类很多，有电子电离源、化学电离源、快原子轰击源、电喷雾源、大气压化学电离源等。

电喷雾源（ESI）是近年来出现的一种新的离子源。它主要应用于液相色谱－质谱联用仪。它既作为液相色谱和质谱仪之间的接口装置，同时又是电离装置。它的主要部件是一个由多层套管组成的电喷雾喷嘴。最内层是液相色谱流出物，外层是喷射气，喷射气常采用大流量的氮气，其作用是使喷出的液体容易分散成微滴。另外，在喷嘴的斜前方还有一个补助气喷嘴，补助气的作用是使微滴的溶剂快速蒸发。在微滴蒸发过程中表面电荷密度逐渐增大，当增大到某个临界值时，离子就可以从表面蒸发出来。离子产生后，借助喷嘴与锥孔之间的电压，穿过取样孔进入分析器。加到喷嘴上的电压可以是正，也可以是负。通过调节极性，可以得到正或负离子的质谱。其中值得一提的是电喷雾喷嘴的角度，如果喷嘴正对取样孔，则取样孔易堵塞。因此，有的电喷雾喷嘴设计成喷射方向与取样孔不在一条线上，而错开一定角度。这样溶剂雾滴不会直接喷到取样孔上，使取样孔比较干净，不易堵塞。产生的离子靠电场的作用引入取样孔，进入分析器。电喷雾源采用一种软电离方式，即便是分子量大、稳定性差的化合物，也不会在电离过程中发生分解，它适合分析极性强的大分子有机化合物，如蛋白质、肽、糖等。电喷雾电离源的最大特点是容易形成多电荷离子。这样，一个分子量为 10 000 Da 的分子若带有 10 个电荷，则其质荷比只有 1 000 Da，进入了一般质谱仪可以分析的范围之内。根据这一特点，目前采用电喷雾电离，可以测量分子量在 300 000 Da 以上的蛋白质。

大气压化学电离源（APCI）的结构与电喷雾源大致相同，不同之处是大气压化学电离源喷嘴的下游放置一个针状放电电极，通过放电电极的高压放电，使空气中某些中性分子电离，产生 H_3O^+、N_2^+、O_2^+ 和 O^+ 等离子，溶剂分子也会被电离，这些离子与分析物分子进行离子-分子反应，使分析物分子离子化，这些反应过程包括由质子转移和电荷交换产生正离子、质子脱离和电子捕获产生负离子等。大气压化学电离源主要用来分析中等极性的化合物。有些分析物由于结构和极性方面的原因，用 ESI 不能产生足够强的离子，可以采用 APCI 方式增加离子产率，可以认为 APCI 是 ESI 的补充。APCI 主要产生的是单电荷离子，所以其分析的化合物分子量一般小于 1 000 Da。用这种电离源得到的质谱很少有碎片离子，主要是准分子离子。

质量分析器的作用是将离子源产生的离子按 m/z 顺序分开并排列成谱。用于有机质谱仪的质量分析器有磁式双聚焦分析器、四极杆分析器、离子阱分析器、飞行时间分析器、回旋共振分析器等。

质谱仪的检测主要使用电子倍增器，也有的使用光电倍增管。由四极杆出来的离子打到高能极产生电子，电子经电子倍增器产生电信号，记录不同离子的信号即得质谱。信号增益与倍增器电压有关，提高倍增器电压可以提高灵敏度，但同时会降低倍增器的寿命，因此，应该在保证仪器灵敏度的情况下采用尽量低的倍增器电压。由倍增器出来的电信号被送入计算机储存，这些信号经计算机处理后可以得到色谱图、质谱图及其他各种信息。

为了保证离子源中灯丝的正常工作，保证离子在离子源和分析器中正常运行，消减不必要的离子碰撞、散射效应、复合反应和离子-分子反应，减小本底与记忆效应，质谱仪的离子源和质量分析器都必须处在优于 10^{-5} mbar 的真空中才能工作。也就是说，质谱仪都必须有真空系统。一般真空系统由机械真空泵和扩散泵或涡轮分子泵组成。机械真空泵能达到的极限真空度为 10^{-3} mbar，不能满足要求，必须依靠高真空泵。扩散泵是常用的高真空泵，其性能稳定可靠，其缺点是启动慢，从停机状态到仪器能正常工作所需时间长；涡轮分子泵则相反，仪器启动快，但使用寿命不如扩散泵。但由于涡轮分子泵使用方便，没有油的扩散污染问题，因此，近年来生产的质谱仪大多使用涡轮分子泵。涡轮分子泵直接与离子源或质量分析器相连，抽出的气体再由机械真空泵排到体系之外。

质谱仪的分辨率是指把相邻两个质量分开的能力，常用 R 表示，即在质量 M 处刚刚分开 M 和 M + ΔM 两个质量的离子，则质谱仪的分辨率见式（6-1）：

$$R = \frac{M_1}{M_2 - M_1} = \frac{M_1}{\Delta M} \tag{6-1}$$

两峰刚刚分开是指两峰的峰谷是峰高的 10%（两峰各提供 5%）。一般情况下，$R \leqslant 5\ 000$ 为低分辨质谱，$R = 2 \times 10^4 \sim 3 \times 10^4$ 为中级质谱，$R > 3 \times 10^4$ 为高级质谱。低分辨质谱仪只能给出整数的离子质量数；高分辨质谱仪则可给出小数的离子质量数。低分辨质谱的质核比由标称质量计算，高分辨质谱由精确质量计算。标称质量由在自然界中最大丰度同位素的标称原子质量计算而得。精确质量是以 ^{12}C 同位素的质量 12.000 0 为基准而确定的。

高分辨质谱可以区分具有相同标称质量的不同物质，见表 6-1。

表 6 – 1　标称质量相同但精确质量不同的物质

分子式	C_6H_{12}	C_5H_8O	$C_4H_8N_2$
分子量	84.093 9	84.057 5	84.068 8

高分辨质谱中物质的分子离子或碎片离子的确认是通过查高分辨质谱的 Beynon 表或通过计算推导得出的。经验已知高分辨质谱的误差在 ± 0.006 范围内。

本实验对已知结构的苯仿卡因样品进行验证性测定，其分子式为：$C_9H_{11}NO_2$，相对分子质量为 165.079 0，结构如图 6 – 1 所示。

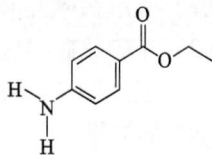

本实验采用高分辨质谱仪测定苯仿卡因的质谱。

图 6 – 1　苯仿卡因的结构

三、实验仪器及试剂

1. 仪器
(1) 高分辨质谱仪；
(2) 超声波仪；
(3) 针头式过滤器。
2. 试剂
(1) 甲醇(色谱纯)；
(2) 苯仿卡因。

四、实验步骤

(1) 检查高分辨质谱仪及其配套设施，确认其处于正常状态。
(2) 依次打开显示器、计算机主机、打印机、高分辨质谱仪电源开关，确认仪器处于正常状态。
(3) 双击"Masslynx"图标进入"Masslynx"主菜单，设置参数，使仪器处于最佳工作状态。
(4) 测定样品。在内置蠕动泵上的注射器装入被测样品，进样。
(5) 点击"Acquire"，输入"Data File Name""Function""Start Mass""End Mass"等参数，然后点击"Start"开始正式采集质谱图。
(6) 在质谱图窗口中，可以对谱图进行"Smooth"(平滑)、"Subtract"(扣底)、"Center"(棒图)等处理，点击主菜单栏"File"选择"Print"，即可打印报告。
(7) 取出注射器，倒出样品并清洗干净。
(8) 测试完成后，按操作要求，进行仪器关机。
(9) 解析质谱图，确定化合物的结构。

思 考 题

1. 何为分子离子？它在质谱解析中有何用处？
2. 一台完好的质谱仪应包含哪几部分？它们各起什么作用？

实验 6.2 用核磁共振波谱法测定化合物的结构

一、实验目的

（1）了解核磁共振波谱法的基本原理。

（2）了解核磁共振波谱法的测定方法。

（3）通过对比实验，了解活泼氢与溶剂之间的快速交换对谱图的影响；了解氢键对质子化学位移的影响。

二、实验原理

自旋核系统中，在静电场中电磁波的作用下，由于磁能级之间的跃迁而产生的谱图为核磁共振谱。核磁共振谱主要提供 3 种参数：化学位移、耦合常数、积分面积。

现以氢原子为例，说明核磁共振的基本原理。原子核的自旋如同电子在原子核外运动一样会产生磁矩 μ，其大小与核自旋角动量 P、核磁旋比 γ、自旋量子数 I 有关，见式（6-2）：

$$\mu = \gamma p = \frac{h\gamma}{2\pi}\sqrt{I(I+1)} \tag{6-2}$$

而核磁旋比与氢原子核绕磁场进动的角速度有关，即与氢原子的进动频率有关，见式（6-3）：

$$\gamma = \frac{\omega}{H_0} = \frac{2\pi\nu}{H_0} \tag{6-3}$$

式中，ω 为原子核绕磁场进动的角速度；H_0 为外加磁场强度；ν 为氢原子核的进动频率。

核自旋角动量在自旋轴向上的投影有固定值，见式（6-4）：

$$P_z = \frac{mh}{2\pi} \tag{6-4}$$

式中，h 是普朗克常数（6.626×10^{-34} J/S）；m 是原子核的磁量子数。

氢原子核在磁场中有两种自旋取向，代表两个能级，两个能级的能量 E 可用式（6-5）表示：

$$E = \mu_z H_0 = \gamma P_z H_0 = \frac{m\gamma h}{2\pi}H_0 \tag{6-5}$$

对于氢原子来说，m 有 $-1/2$ 和 $1/2$ 两种取向，两个能级之间的能量差 ΔE，μ_z 为磁矩 μ 在 z 轴方向的投影，在外加磁场 H_0 的作用下，磁能级发生裂分，如图 6-2 所示。

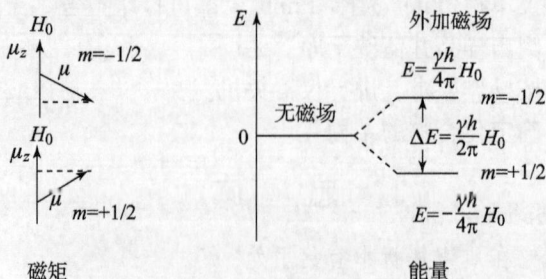

图 6-2 $I=1/2$ 的核在磁场中的行为

磁能级发生裂分的能级差 ΔE 见式(6-6)：

$$\Delta E = -\mu_z H_0 - \mu_z H_0 = -2\mu_z H_0 \qquad (6-6)$$

由式(6-3)及式(6-4)推导出式(6-7)：

$$\mu_z = \gamma P_z = \frac{2\pi\nu}{H_0} \cdot \frac{mh}{2\pi} \qquad (6-7)$$

两个能级之间的能量差 ΔE 与原子核的磁量子数有关，对于氢原子来说 m 有 $-1/2$ 和 $1/2$ 两种取向。

电磁波具有波粒二象性，即有式(6-8)：

$$\Delta E = h\nu \qquad (6-8)$$

将式(6-3)带入式(6-8)，有式(6-9)：

$$\Delta E = \frac{\gamma h}{2\pi} H_0 \qquad (6-9)$$

所以有式(6-10)

$$h\nu = \frac{\gamma h}{2\pi} H_0 \qquad (6-10)$$

因此有式(6-11)：

$$\nu = \frac{\gamma H_0}{2\pi} \qquad (6-11)$$

在不考虑核外电子时，氢原子核的回旋频率，即进动频率 $\nu_{回}$ 与磁能级之间的跃迁频率 $\nu_{跃}$ 及外加磁场的照射频率 $\nu_{照}$ 相等，即有式(6-12)：

$$\nu_{回} = \nu_{跃} = \nu_{照} = \gamma H_0/2\pi \qquad (6-12)$$

但是当有核外电子存在时，核外电子对核产生屏蔽作用，即有式(6-13)：

$$\nu_{跃} = \frac{\gamma H_0}{2\pi}(1-\sigma) \qquad (6-13)$$

式中，σ 为屏蔽常数，核外电子对核的屏蔽作用不同从而产生跃迁频率的变化，产生化学位移。

某一原子吸收峰位置与参比物原子吸收峰位置之间的差别称为该原子的化学位移。

化学位移 δ 用下式(6-14)表示：

$$\delta = \frac{\nu_{样} - \nu_{TMS}}{\nu_{仪}} \times 10^6 \text{ ppm} \qquad (6-14)$$

式中，参比物为 TMS，四甲基硅烷 $[(CH_3)_4Si]$；ppm 为化学位移单位。

$\nu_{样}$ 和 ν_{TMS} 分别是样品和参比物原子核发生核磁共振时的照射频率，单位为 Hz；$\nu_{仪}$ 为仪器的固有频率，单位为 MHz。

感生磁场不同，会产生化学位移，其对邻核的作用使跃迁的频率产生位移，即自旋耦合。由于自旋核的感生磁场作用在邻核上，相邻核的磁能级产生裂分，这种现象叫自旋耦合。产生的裂分叫自旋耦合裂分，也叫耦合裂分。由于自旋耦合产生裂分吸收，裂分峰间的距离用 J 表示，称为耦合常数值，单位为 Hz。耦合裂分峰的个数与相邻核有关。

对于核磁共振氢谱来说，核磁共振谱峰的积分面积与氢的个数成正比。

目前多使用脉冲傅里叶变换核磁共振谱仪测定核磁共振谱，其主要优点是灵敏度高，样品用量少。核磁共振谱仪的射频频率已由最初的 40 MHz 发展到现在的 800 MHz。

常用的氘代试剂为 $CDCl_3$、D_2O、DMSO、C_6D_6、CD_3OD、CD_3COCD_3、C_5D_5N 等。

常见的活泼氢，如 -OH、-NH-、-SH、-COOH 等基团的质子，在溶剂中交换很快，并受测定条件如浓度、温度、溶剂的影响，δ 值不固定在某一数值上，而在一个较宽的范围内变化。活泼氢的峰形有一定特征，一般而言，酰胺、羧酸类缔合峰为宽峰，醇、酚类的峰形较钝，氨基、巯基的峰形较尖。用重水交换法可以鉴别出活泼氢的吸收峰(加入重水后活泼氢的吸收峰消失)。

氢键对化学位移的影响表现为：绝大多数氢键形成后，质子化学位移移向低场，表现出相当大的去屏蔽效应。提高温度和降低浓度都可以破坏氢键。

三、仪器和试剂

1. 仪器

（1）400 MHz 核磁共振波谱仪；

（2）NMR 样品管（ϕ5 mm）；

（3）移液枪（1 mL）；

（4）漩涡振荡器。

2. 试剂

（1）正丙醇(分析纯)；

（2）重水(D_2O，含 0.03% TMS)；

（3）氘代氯仿($CDCl_3$，含 0.03% TMS)。

四、实验步骤

（1）样品准备：用移液枪移取 5 μL 正丙醇于核磁管中，然后再移取 0.5 mL 氘代试剂于核磁管中，混合均匀。

（2）核磁管的定位：将转子置于样品规顶部，将核磁管插入转子，根据样品液柱的实际高度调整核磁管的位置，使液柱中心与样品规上的黑色中心线对齐，核磁管底部最多只能放到样品规的底部，用软纸(布)轻擦核磁管，待测。

（3）测量。

五、结果与讨论

（1）观察正丙醇重水溶液的 ^1H NMR 谱并解析。正丙醇重水溶液中出现了结构明确的 -CH_2 三重峰、-CH_2 六重峰、-CH_3 三重峰，且三者面积之比为 2∶2∶3。

（2）选择 $CDCl_3$ 溶剂，观察正丙醇 $CDCl_3$ 溶液的 ^1H NMR 谱并解析。第一次采样结束后，将样品温度设定为 303 K，建立新的实验目录，待温度稳定后重新匀场，采集 ^1H NMR 谱。

（3）^1H NMR 谱图的处理。对比本次实验采集得到的 3 张正丙醇的 ^1H NMR 谱，指出主要的异同点，并解释。

思 考 题

1. TMS 的作用是什么？

2. 升高温度和 D_2O 对 ^1H NMR 谱有什么影响？

实验 6.3 用气相色谱 – 质谱法分析食用油的成分

一、实验目的

（1）了解气相色谱 – 质谱的调整过程和性能测试方法。

（2）熟悉气相色谱 – 质谱联用仪测样分析条件的设置及谱库检索方法。

二、实验原理

气相色谱 – 质谱（Gas Chromatography/Mass Spectrometry，GC – MS）联用技术的发展历经半个多世纪，是非常成熟且应用极其广泛的分离分析技术。GC – MS 充分发挥 GC 高分离效率和 MS 定性专属性的能力，兼有两者之长。GC – MS 主要用于低沸点（300℃）和热稳定的复杂有机混合物的分离、定性及定量分析。该联用技术具有分离效率高、分析灵敏度高、样品用量少等特点，广泛应用于有机合成、药物开发、石油化工、环保监测和食品安全等领域。

GC – MS 分析条件要根据样品进行选择，在分析样品之前应尽量了解样品的情况，比如样品组分的多少、沸点范围、分子量范围、化合物类型等。这些是选择分析条件的基础。一般情况下，样品组成简单，可以使用填充柱；样品组成复杂，则一定要使用毛细管柱。应根据样品类型选择不同的色谱柱固定相，如极性、非极性和弱极性等。汽化温度一般要高于样品中最高沸点 20℃~30℃。柱温要根据样品情况设定。低温下，低沸点组分出峰；高温下，高沸点组分出峰。应选择合适的升温速度，以使各组分都实现很好的分离。

混合物样品经 GC 分离成一个一个单一组分，并进入离子源，在离子源样品分子被电离成离子，离子经过质量分析器之后即按 m/z 顺序排列成谱。经检测器检测后得到质谱，计算机采集并储存质谱，经过适当处理即可得到样品的色谱图、质谱图等。经计算机检索后可得到化合物的定性结果，由色谱图可以进行各组分的定量分析。

质谱仪开机到正常工作需要一系列的调整，否则不能进行正常工作。这些调整工作包括：

（1）抽真空。质谱仪在真空下工作，要达到必要的真空度需要由机械真空泵和扩散泵（或分子涡轮泵）抽真空。如果采用扩散泵，从开机到正常工作需要 2 h 左右；若采用分子涡轮泵，则只需 2 min 左右。如果仪器上装有真空仪表，真空指示要在 10^{-5} mbar（10^{-2} Pa）或更高的真空条件下才能正常工作。

（2）仪器校准。这主要是对质谱仪的质量指示进行校准。一般四极极质谱仪使用全氟三丁胺（FC – 43）作为校准气。用 FC – 43 的 m/z69、131、219、414、502 等几个质量对质谱仪的质量指示进行校正，这项工作可由仪器自动完成。

（3）GC – MS 分析条件的选择。

设置质谱仪工作参数，主要是设置质量范围、扫描速度、灯丝电流、电子能量、倍增器电压等。

三、仪器与试剂

1. 仪器

（1）Agilent 7890A – 5975C GC – MS；

（2）进样瓶；

（3）锥形瓶；

（4）容量瓶。

2. 试剂

（1）食用油；

（2）十一酸甲酯标准溶液；

（3）饱和的 NaOH 甲醇溶液；

（4）15%的 BF_3 甲醇溶液；

（5）正己烷。

四、实验步骤

1. 样品的制备

取一定量的十八酸甲酯，加入内标十一酸甲酯（19 $\mu g \cdot mL^{-1}$），配置系列浓度待测液。

进行 GC – MS 分析的样品应该是在 GC 工作温度下（例如 300℃）能汽化的样品。样品中应避免大量水的存在，浓度应该与仪器灵敏度匹配。对于不满足要求的样品要进行预处理。经常采用的样品处理方式有萃取、浓缩、衍生化等。

2. 分析条件的设置

根据仪器操作说明和样品情况，设置 GC 条件（汽化温度、升温程序、载气流量等）和MS 条件（扫描速度、电子能量、灯丝电流、倍增器电压、扫描范围等），然后用微量注射器进样并开始采集数据。

设置数据采集参数并进样：将正己烷稀释至 1 mL，置于样品盘。打开数据采集软件，调用"2013 – MS – COURSE – FATACID – METHYLESTER. M"方法。按下述条件设定仪器参数，文件存放在指定文件夹下。

（1）仪器条件。色谱柱：Agilent 19091N – 133（HP – INNOWAX）30 m × 0.25 mm × 0.25 m；He 分压：0.5 MPa；进样口温度：240℃；分流比：10∶1；进样量：0.5 μL；后运行温度：240℃；后运行时间：2 min；溶剂延迟：3 min；离子源温度：230℃；四级杆温度：150℃；扫描范围：40~500 amu；程序升温条件：90℃保持 1 min，以 3℃/min 的速率升至 190℃，保持 1 min，以 7℃/min 的速率升至 205℃，保持 5 min。

（2）数据采集：点击"RUN"，开始进样。

3. 谱库检索

打开谱库，分别输入各种样品的名称等，调出质谱图，找出谱图特征，分析裂解机理。

五、注意事项

（1）注意开机顺序，严格按操作手册规定的顺序进行。真空达到规定值后才可以进行仪器调整。

（2）仪器调整完毕应尽快停止进样，立刻关闭灯丝电流和倍增器电压，以延长二者的寿命。

（3）所谓灵敏度，是对一定样品和一定实验条件而言的，改变条件，灵敏度会变化。

（4）谱库检索时须输入化合物英文名称。

六、数据处理

打开数据分析软件，调用数据，得到混合物的总离子流(TIC)色谱图。

（1）定性：利用 NIST147 质谱数据库对 TIC 图中的每一个峰进行定性。

（2）定量：根据峰面积，对样品中每个组分(除十八酸甲酯外)采用内标法定量，内标物是十一酸甲酯；对样品中的十八酸甲酯采用外标法定量。

（3）十八酸甲酯标准曲线：分别配制一系列不同浓度的十八酸甲酯标准溶液，在此溶液中注入等体积的内标(十一酸甲酯)，绘制标准曲线。

定量分析谱图并填写表 6 – 2。

表 6 – 2　实验所得的数据

出峰顺序	RT 保留时间	峰面积	含量/%	名称	结构式	分子量	说明
1							
2							
3							
4							

思 考 题

1. 在油品预处理过程中为何要将甘油三酯转化为脂肪酸甲酯？所用饱和的 NaOH 甲醇溶液、15% 的 BF3 甲醇溶液、正己烷试剂各自的作用是什么？

2. 植物油的主要成分是脂肪酸甘油三酯。在本实验中为什么要先将其转化为脂肪酸甲酯再进行 GC – MS 分析？

3. GC – MS 定性定量的依据是什么？

4. 内标法和外标法各自的优缺点是什么？

5. GC – MS 为什么要设置溶剂延迟？延迟时间以什么为基准？

实验6.4　用液相色谱 – 质谱法分离鉴定药物

一、实验目的

（1）了解液相色谱 – 质谱联用的基本原理。

（2）掌握液相色谱 – 质谱联用时的操作步骤及实验方法。

（3）学习分析色谱图和质谱图。

二、实验原理

液相色谱 – 质谱法(Liquid Chromatography/Mass Spectrometry，LC – MS)将应用范围极广的分离方法——液相色谱法与灵敏、专属、能提供分子量和结构信息的质谱法结合起来，是一种重要的现代分离分析技术。

LC - MS 经历了约 30 年的发展，直至采用了大气压离子化技术之后，才发展成为常规应用的重要分离分析方法，在生物、医药、化工、农业和环境等各个领域均得到了广泛的应用。

不同的物质在固定相和流动相中具有不同的分配系数，当两相作相对位移时，这些物质在两相间进行反复多次分配，这使得原来微小的分配差异产生明显的分离效果，从而依先后次序流出色谱柱，从而达到分离多种物质的目的。依次流出的物质进入质谱中被打碎成为各种离子而被检测到，从而达到分离分析的目的。

液相色谱仪包括溶剂输送系统（高压泵等）、进样器、色谱柱、检测器等。色谱柱和流动相的选择是样品中成分分离的关键。本实验所用质谱仪为 Agilent 6520 四极杆 - 飞行时间串联质谱仪，该系统将高灵敏度、质量精确度、扫描间的动态范围完美地组合在一起，而且还具有操作简单和可靠性高的特点。Agilent Q - TOF 在获得最大灵敏度的同时，还可以保证采集速度或质量精确度。它具有超高灵敏度，可以分析痕量的样品。Q - TOF 系统对全扫描可以得到 2 ppm 的精度，而对 MS/MS 可以得到 5 ppm 的精度。系统可以进行全自动的调谐和质量轴校正，以及参比离子在线自动输入。谱图间的动态范围为 5 个数量级，所以 Q - TOF 一次进样可以精确地检测更宽浓度范围的样品。

近年来，LC - MS 已广泛应用于各种化学药物、合成药物的分离分析，成为临床化学试验、临床用药监护以及药代动力学等领域必不可少的分离分析手段之一。一些诸如甲硝唑的抗生素类药物，由于其产生菌绝大多数是产生结构相似的多组分复合物，用常规分析方法对其进行快速鉴别和相关物质分析比较困难，液质联用技术以其强有力的分离分析能力，在这类药物的成分分析和相关物质的鉴定上展示了巨大的优势。

本实验采用 LC - MS 对阿昔洛韦、甲硝唑、茶碱进行分离和结构鉴定。阿昔洛韦、甲硝唑、茶碱的结构、分子式、分子量如图 6 - 3 所示。

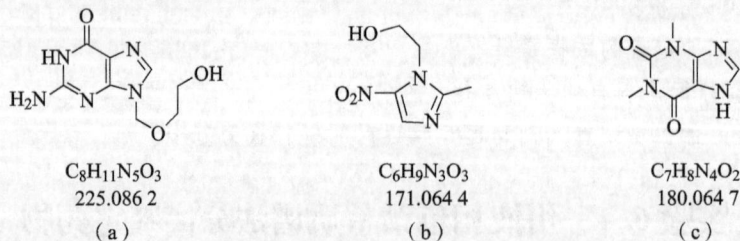

$C_8H_{11}N_5O_3$
225.086 2
（a）

$C_6H_9N_3O_3$
171.064 4
（b）

$C_7H_8N_4O_2$
180.064 7
（c）

图 6 - 3　各被测物的结构、分子式和分子量
（a）阿昔洛韦；（b）甲硝唑；（c）茶碱

三、仪器和试剂

1. 仪器

（1）Agilent 6520 Q - TOF LC - MS；

（2）色谱柱：Agilent SB - C_{18}柱（3.0 mm × 100 mm × 1.8 μm）。

2. 试剂

（1）阿昔洛韦（$C_8H_{11}N_5O_3$，225.086 2）；

（2）甲硝唑（$C_6H_9N_3O_3$，171.064 4）；

（3）茶碱（$C_{H8}N_4O_2$，180.064 7）；

（4）甲醇：HPLC 色谱纯；

（5）超纯水。

四、实验步骤

1. 设置数据采集参数

打开数据采集软件，调用"JQD LC – MS – P. m"方法，按下述条件设定仪器参数，文件存放在指定文件夹下：

（1）样品瓶位置：P1 – A1。

（2）色谱参数：流动相：水：乙腈 = 85 : 15；流速：0.5 mL · min^{-1}；进样量：5 μL；时间：5 min；检测器：ESI + Q/TOF；采集方式：MS。

（3）质谱参数：Gas Temp：320℃；Drying gas：10 L · min^{-1}；Nebulizer：30 psi；Vcap：3500 V；Fragmentor：125 V；Skimmer：65 V；Mass Range：50 ~ 300 0 m/z。

2. 数据采集

点击"RUN"，开始进样分析。

3. 数据分析

打开数据分析软件，调用数据，得到混合物的总离子流（TIC）色谱图。确定该图中每个峰分别是哪种物质，分析它们的保留时间及出峰顺序不同的可能原因。

思 考 题

1. 什么是正相液相色谱（Normal Phase Liquid Chromatography，NPLC）和反相液相色谱（Reversed Phase Liquid Chromatography，RPLC）？解释为什么有机酸、碱、多肽和蛋白质常用 RPLC 分析？

2. 改变 LC 流动相配比，对出峰时间及分离度有什么影响？

实验 6.5　粉末 X – 射线光谱法

一、实验目的

（1）学习了解 X – 射线衍射仪的结构和工作原理。

（2）掌握 X – 射线衍射物相定性分析的方法和步骤。

（3）给定实验样品，设计实验方案，作出正确分析鉴定结果。

二、实验原理

根据晶体对 X – 射线的衍射特征——衍射线的位置、强度及数量来鉴定结晶物质之物相的方法，就是 X – 射线物相分析法。每一种结晶物质都有其独特的化学组成和晶体结构。没有任何两种物质的晶胞大小、质点种类及其在晶胞中的排列方式是完全一致的。因此，当 X – 射线被晶体衍射时，每一种结晶物质都有自己独特的衍射花样，它们的特征可以用各个

衍射晶面间距 d 和衍射线的相对强度 $I/I1$ 来表征。其中晶面间距 d 与晶胞的形状和大小有关，相对强度则与质点的种类及其在晶胞中的位置有关。图 6 – 4 所示为晶体对 X – 射线的衍射示意，θ 为衍射角，α、β、γ 为平行晶面，β 晶面的入射和反射线光程比其他晶面多 $DB + BF$ 距离，则有式（6 – 15）成立：

$$DB = BF = d\sin\theta \tag{6 – 15}$$

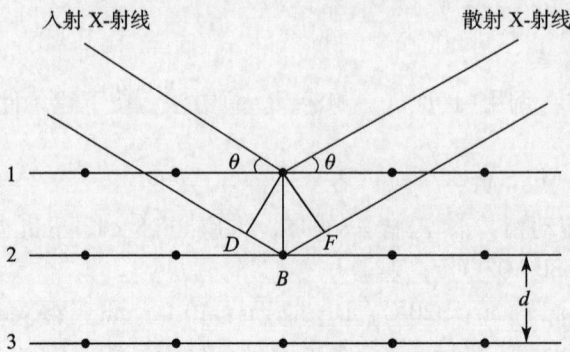

图 6 – 4　晶体对 X – 射线的衍射示意

依据布拉格衍射方程式（6 – 16），可推导出衍射角 θ 与晶面间距 d 之间的关系：

$$2d\sin\theta = n\lambda \tag{6 – 16}$$

式中，n 为衍射级数；λ 为入射光 X – 射线的波长。

任何一种结晶物质的衍射数据 d 和 $I/I1$ 都是其晶体结构的必然反映，因而可以根据它们来鉴别结晶物质的物相。物相定性分析是 X – 射线衍射分析中最常用的一项测试，衍射仪可自动完成这一过程。首先，仪器按给定的条件进行衍射数据自动采集，接着进行寻峰处理并自动启动程序。当检索开始时，操作者要选择输出级别（扼要输出、标准输出或详细输出），选择所检索的数据库（在计算机硬盘上存贮着物相数据库，约有物相 46 000 种，并设有无机、有机、合金、矿物等多个分库），指出测试时所使用的靶、扫描范围、实验误差范围估计，并输入试样的元素信息等。之后，系统将进行自动检索匹配，并将检索结果打印输出。

用衍射仪进行物相分析有如下要求。

1. 试样

衍射仪一般采用块状平面试样，它可以是整块的多晶体，亦可用粉末压制。金属样可从大块中切割出合适的大小（例如 20 mm × 15 mm），经砂轮、砂纸磨平再进行适当的浸蚀而得。分析氧化层时表面一般不作处理，而化学热处理层的处理方法须视实际情况进行（例如可用细砂纸轻磨去氧化皮）。粉末样品应有一定的粒度要求，这与德拜相的要求基本相同（颗粒大小为 1 ~ 10 μm 数量级）。粉末过 200 ~ 325 目筛子即合乎要求，不过由于在衍射仪上摄照面积较大，故允许采用稍粗的颗粒。根据粉末的数量可压在玻璃制的通框或浅框中。压制时一般不加黏结剂，所加压力以使粉末样品黏牢为限，压力过大可能导致颗粒的择优取向。当粉末数量很少时，可在平玻璃片上抹上一层凡士林，再将粉末均匀撒上。

2. 测试参数的选择

描画衍射图之前，须考虑确定的实验参数很多，如 X – 射线管阳极的种类、滤片、管压、管流等，有关测角仪上的参数，如发散狭缝、防散射狭缝、接收狭缝的选择等。衍射仪的开启与 X – 射线晶体分析仪有很多相似之处，特别是 X – 射线发生器部分。对于自动化衍射仪，很多工作参数可由计算机上的键盘输入或通过程序输入。衍射仪需设置的主要参数有：脉冲高度分析器的基线电压、上限电压；计数率仪的满量程，如每秒为 500 计数、1 000 计数或 5 000 计数等；计数率仪的时间常数，如 0.1 s、0.5 s、1 s 等，记录仪的走纸速度，如每 2θ 度为 10 mm、20 mm、50 mm 等；测角仪连续扫描速度，如 0.01 (°)/s，0.03 (°)/s 或 0.05 (°)/s 等；扫描的起始角和终止角等。此外，还可以设置寻峰扫描、阶梯扫描等其他方式。

3. 衍射图的分析

运用 Origin 8 软件做图，运用 Jade 软件即可定性分析。

也可以用传统方法确定物质的组成：先将衍射图上比较明显的衍射峰的 2θ 值量度出来。测量可借助三角板和米尺。将米尺的刻度与衍射图的角标对齐，令三角板一直角边沿米尺移动，另一直角边与衍射峰的对称（平分）线重合，并以此作为峰的位置。借米尺之助，可以估计出百分之一度（或十分之一度）的 2θ 值，并通过工具书查出对应的 d 值。又按衍射峰的高度估计出各衍射线的相对强度 $I/I1$。有了 d 系列与 I 系列之后，取前反射区 3 根最强线为依据，查阅索引，用尝试法找到可能的卡片，再进行详细对照。如果对试样中的物相已有初步估计，亦可借助字母索引来检索。确定一个物相之后，将余下线条进行强度的归一处理，再寻找第二相。有时亦可根据试样的实际情况作出推断，直至所有的衍射均有着落为止。

至于各物相是否存在择优取向，则尚未进行审查。X–射线衍射物相定性分析方法有以下两种：

（1）三强线法：

①从前反射区（$2\theta < 90°$）中选取强度最大的 3 根线，并使其 d 值按强度递减的次序排列。

②在数字索引中找到对应的 $d1$（最强线的面间距）组。

③按次强线的面间距 $d2$ 找到接近的几列。

④检查这几列数据中的第三个 d 值是否与待测样的数据对应，再查看第四至第八强线数据并进行对照，最后从中找出最可能的物相及其卡片号。

⑤找出可能的标准卡片，将实验所得 d 及 $I/I1$ 跟卡片上的数据详细对照，如果完全符合，物相鉴定即告完成。

如果待测样的数据与标准数据不符，则须重新排列组合并重复②～⑤的检索手续。

如为多相物质，当找出第一物相之后，可将其线条剔出，并将留下线条的强度重新归一化，再按过程①～⑤进行检索，直到得出正确答案。

（2）特征峰法：对于经常使用的样品，应该充分了解掌握其衍射谱图，可根据其谱图特征进行初步判断。例如若在 26.5°左右有一强峰，在 68°左右有五指峰出现，则可初步判定样品中含 SiO_2。

三、仪器与试剂

1. 仪器

（1）X–射线粉末衍射仪、X–射线靶枪［材质：铜（$\lambda = 0.154\ 06$ nm）］；

（2）玛瑙研钵；

（3）样品架。

2. 试剂

样品：Cl/Br/I 无机盐的纯物质或混合物。

四、实验步骤

（1）研磨样品：用玛瑙研钵将试样研细至手感无颗粒感觉即可。

（2）制样品板：将样品架置于一干净的平板玻璃上，把研细的样品填入样品架的内框中，然后用一平面用力压实，样品的背面要均匀平整，作为衍射面。

（3）将装好样品的样品架小心放置到样品架座上。

（4）开启 X - 射线粉末衍射仪，设定工作仪器参数和扫描条件。

（5）进行衍射实验和数据采集，采集完后将数据存盘。

（6）处理数据，并进行计算机检索。

五、数据处理及物相鉴定

X - 射线粉末衍射仪带有一套比较完整的衍射数据处理分析系统，可进行数据处理和样品物相的查卡鉴定。测试完毕，可将样品测试数据存入磁盘供随时调出处理。原始数据需经过曲线平滑，k、α 的扣除，谱峰寻找等数据处理步骤，最后打印出待分析试样衍射曲线和 d 值、2θ、强度、衍射峰宽等数据供分析鉴定。

思 考 题

1. 试讨论制样过程中样品颗粒过大对实验结果会有什么影响？

2. 简述 X - 射线衍射仪的结构和工作原理。沥青和玻璃丝会产生衍射谱图吗？为什么？

3. 粉末样品的制备有几种方法？应注意什么问题？

4. 如何选择 X - 射线管及管电压和管电流？

5. X - 射线谱图分析鉴定应注意什么问题？

第七章

设计实验

一、目的和意义

在学生做完化学分析实验和仪器分析基本实验的基础上，为了激发学生自主学习的积极性和探索开发精神，培养学生的创新能力、独立解决实际问题的能力及组织管理的能力，本书安排了设计实验。整个实验过程遵循"以学生为辅、以教师为主"的原则，即教师提出实验方向、目的和要求，实验过程中的选题、资料查阅、方案制定、实验开展及论文写作均由学生独立完成，教师作必要的指导和评价。

二、实施步骤

1. 选题

结合学生掌握的知识技能和实验条件，在教师的指导下选择 1~3 个能完成的实验题目。

2. 查阅文献资料

根据分析目的和要求，通过手册、工具书、数据库等信息源进行资料的检索，阅读相关文献，对相关课题的研究进行全面系统的调研总结，写出调研报告，在此基础上拟定研究目标。

3. 制定实施方案

研究目标确定后，结合实验室条件制定切实可行的实验方案。方案的内容包括分析方法、实验原理、所用仪器和试剂、具体实施步骤、实验结果的计算公式及参考文献等。具体实施步骤包括样品的预处理、试剂的配制、条件实验研究、待测组分的测定等。实验方案由教师审阅后最终确定。

4. 实验研究

实验研究由学生独立完成。

5. 论文写作

实验结束后，以小论文的形式完成实验报告。实验报告大致包括以下各项：

（1）实验题目；

（2）概述；

（3）拟定方法原理；

（4）仪器与试剂；

（5）实验步骤；

（6）数据记录；

（7）结果与讨论；

（8）参考文献。

6. 成绩评定

论文提交后，教师结合学生在实验过程中的表现给出实验成绩。

三、设计实验参考选题

（1）牛奶中三聚氰胺含量的测定；

（2）食品中苏丹红含量的测定；

（3）鱼或肉中铅含量的测定；

（4）水果中维生素 C 含量的测定；

（5）尿中钙、镁、钠、钾含量的测定；

（6）血清或血浆中铜和锌含量的测定；

（7）人发中铜和锌含量的测定；

（8）土壤中农药残留的测定；

（9）水中有机污染物含量的测定；

（10）大气浮尘中微量元素的分析。

第八章

实验数据的计算机处理和模拟

分析化学的理论计算和实验数据处理，是分析化学的基本工作之一。许多计算用人工的办法就可以实现，但是对复杂体系的理论处理、对大量数据的统计处理，人工计算就有困难。本章只介绍几种分析化学中最常用的数据处理方法，这些方法需要编制程序，由计算机来计算。计算机在分析化学中的其他应用请参考有关书籍。

8.1 电位滴定终点的确定

滴定分析法常用指示剂的颜色变化来确定滴定终点，但是，对于滴定突跃很小、溶液浑浊或有色、非水滴定等情况，用指示剂很难确定滴定终点。若用自动电位滴定进行测定，往往会得到较好的实验结果。

自动电位滴定测量电位变化，算出化学计量点体积。准确度和精密度高，电位 E 并未直接用来计算被测物浓度 c，其与指示剂滴定法相比有如下特点：

（1）可用于滴定突跃小或不明显的滴定反应；

（2）可用于有色或浑浊试样的滴定；

（3）装置简单、操作方便，可自动化；

（4）常采用等步长滴定。

自动电位滴定法可采用三种方法确定滴定终点：

（1）$E-V$ 曲线法：根据 $E-V$ 曲线的拐点确定滴定终点[图 8-1(a)]。

（2）$\Delta E/\Delta V-V$ 曲线法：取 $E-V$ 曲线的一阶近似微商曲线，根据曲线的极大点确定滴定终点[图 8-1(b)]。

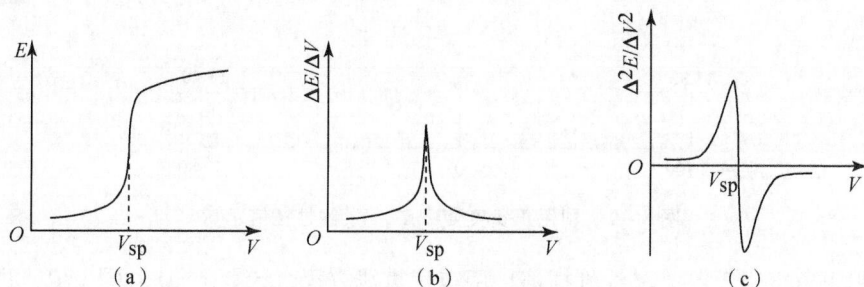

图 8-1 电位滴定终点的确定

(a) $E-V$ 曲线法；(b) $\Delta E/\Delta V-V$ 曲线法；(c) $\Delta^2 E/\Delta V^2-V$ 曲线法

（3）$\Delta^2 E/\Delta V^2 - V$ 曲线法：取 $E-V$ 曲线的二阶近似微商曲线，根据该曲线与 V 轴的交点（即 $\Delta^2 E/\Delta V^2 =0$）确定滴定终点[图 8-1（c）]。

这三种方法中，前两种方法需仔细描点做图，麻烦费时，结果也不是很准确。第三种方法既可以用做图法，也可以用计算法直接给出结果，准确可靠，但计算工作量较大，可借助计算机处理数据。二阶微商 $\Delta E^2/\Delta V^2 =0$ 最常用，二阶微商的计算方法见式（8-1）：

$$\frac{\Delta E^2}{\Delta V^2} = \frac{\left(\frac{\Delta E}{\Delta V}\right)^2 - \left(\frac{\Delta E}{\Delta V}\right)^1}{\Delta V} \tag{8-1}$$

设在某滴定中得到的实验数据如表 8-1 所示。

表 8-1 某自动电位滴定中得到的实验数据

V/mL	11.00	11.10	11.20	11.30	11.40	11.50
E/mV	202	210	224	250	303	328

由上述数据计算第一阶、二阶近似微商，并列于表 8-2 中。

表 8-2 通过某电位滴定中得到的实验数据计算第一阶、二阶近似微商

V/mL	E/mV	ΔV/mL	ΔE/mV	$\Delta E/\Delta V$	$\Delta^2 E/\Delta V^2$
11.00	202				
		0.10	8	80	
11.10	210				600
		0.10	14	140	
11.20	224				1 200
		0.10	26	260	
11.30	250				2 700
		0.10	53	530	
11.40	303				−280 0
		0.10	25	250	
11.50	328				

在化学计量点前后，二阶微商改变符号，其与加入滴定剂的体积的关系可用图 8-2 来表示。

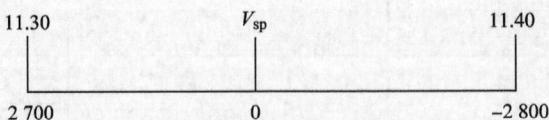

图 8-2 利用正负突变 2 点，V_{sp} 线性插值示意

所以，利用正负突变 2 点，V_{sp} 线性插值，两点定直线方程，计算 $y=0$ 时的 x 值，即
$$(V_{sp} - 11.30)/(11.40 - 11.30) = 2\,700/(2\,700 + 2\,800)$$
算得 $V_{sp} = 11.35$ mL。

若需计算被测物的浓度 c，则需按式(8-2)计算：

$$c = c_t \cdot V_{sp}/V \qquad (8-2)$$

式中，c 为被测物的浓度；c_t 为滴定剂的浓度；V_{sp} 为化学计量点时消耗滴定剂的体积；V 为被测物的体积。

以上计算可以编制一个通用程序来实现(程序略)。

上例计算结果为 $V_{sp} = 11.35$ mL，用 $0.100\ 0$ mol · L^{-1} 滴定剂滴定 20.00 mL 溶液时，测得被滴定物的浓度 $0.056\ 75$ mol · L^{-1}。

8.2　一元线性回归分析

电位分析、光度分析和分离分析等分析方法中，往往将被测物质的含量转换成与之成直线关系的光电信号，使用标准曲线法来确定待测物质的含量。例如，在光度分析中，先测量一系列不同浓度的标样溶液的吸光度，做出吸光度与浓度的关系曲线，即标准曲线，如图 8-3 所示，然后测定样品溶液的吸光度，在标准曲线上查出样品溶液中待测物质的浓度，从而求得样品中待测物质的含量。

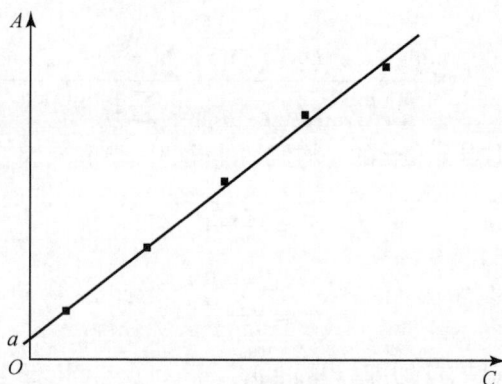

图 8-3　对实验数据做标准曲线示意

标准曲线通常是一条直线，但由于实验误差等因素的存在，各数据点对直线往往有所偏离，用手工做图法所做的标准曲线误差较大，而用回归分析法可求出对各数据点误差最小的直线，即回归直线，再由回归直线反估待测物质的含量及其置信区间，结果较准确，还可检验测定结果的线性相关关系和回归直线拟合的好坏。

回归分析法是指据实验数据建立两个或两个以上变量的数量关系(回归方程)并据此由一个或几个变量的值去估计另一个变量的值的数理统计方法。本书只介绍常用的一元线性回归分析法。下面介绍回归直线方程。

若测量 n 个数据点(y_i, x_i)，它们之间存在线性相关关系，其回归直线方程见式(8-3)：

$$y = a + bx \qquad (8-3)$$

式中，y 为因变量(如吸光度、电极电位和峰面积等分析信号)；x 为自变量(如标准溶液的浓度等可以严格控制或精确测量的变量)；a 为回归直线的截距(或称为回归常数，其与系统误差的大小有关）；b 为回归直线的斜率（或称回归系数，其与测定方法的灵敏度有关）。例如，在用分光光度法制备标准曲线时，溶液的吸光度与吸光物质的浓度成正比，该线性方程的截距 a、斜率 b 可通过对一组实验数据进行拟合得到（图 8 – 3）。

回归直线的总误差为各数据点 (y_i, x_i) 与回归直线的离差的平方和（残余差方和），用 Q 表示，见式（8 – 4）：

$$Q = \sum d_i^2 = \sum (y_i - y)^2 = \sum (y_i - a - bx_i)^2 \tag{8 – 4}$$

回归分析常用最小二乘法，即回归直线是所有直线中离差平方和最小的一条直线，因此回归直线的截距 a 和斜率 b 应使 Q 为极小值。根据微积分求极值的原理，Q 为极小值的条件为它对 a 和 b 的偏微分为零，见式（8 – 5）及式（8 – 6）：

$$\frac{\partial Q}{\partial a} = 0 \tag{8 – 5}$$

$$\frac{\partial Q}{\partial b} = 0 \tag{8 – 6}$$

由此可得式（8 – 7）和式（8 – 8）：

$$a = \frac{\sum y_i - b \sum x_i}{n} = \bar{y} - b\bar{x} \tag{8 – 7}$$

$$b = \frac{\sum (x_i - \bar{x})(y_i - \bar{y})}{\sum (x_i - \bar{x})^2} = \frac{\sum x_i y_i - n\bar{x} \cdot \bar{y}}{\sum x_i^2 - n\bar{x}^2} \tag{8 – 8}$$

式中，$\bar{x}$ 和 $\bar{y}$ 分别为各数据点 x 和 y 的平均值，见式（8 – 9）和式（8 – 10）：

$$\bar{x} = \frac{\sum x_i}{n} \tag{8 – 9}$$

$$\bar{y} = \frac{\sum y_i}{n} \tag{8 – 10}$$

显然求出 a、b 即可求得回归直线方程 $y = a + bx$。

实验误差和线性相关关系对回归直线的影响可用残余标准差 S_f 来衡量，见式（8 – 11）：

$$S_f = \sqrt{\frac{Q}{n-2}} = \sqrt{\frac{\sum [y_i - (a + bx_i)]^2}{n-2}} = \sqrt{\frac{\sum (y_i - \bar{y})^2 - b(\sum x_i y_i - n\bar{x} \cdot \bar{y})}{n-2}}$$

$$\tag{8 – 11}$$

残余标准差越小，拟合的回归直线越好。

两个变量之间是否存在线性相关关系可用相关系数 r 来检验，见式（8 – 12）。相关系数定义为回归数据点 x_i 的标准偏差的 b 倍与 y_i 的标准偏差之比值（b 为回归直线的斜率）。

$$r = \frac{bS_x}{S_y} = b\sqrt{\frac{\sum (x_i - \bar{x})^2}{\sum (y_i - \bar{y})^2}} \tag{8 – 12}$$

$r^2 = 2$（或 $r = \pm 1$）时，两个变量完全线性相关，所有回归数据点都在回归直线上，无实验误差；$r^2 = 0$ 时，两个变量毫无线性相关关系；$0 < r^2 < 1$ 时，两个变量有一定的线性关系。有意义的线性相关关系的临界值见表 8 – 3。r^2 越接近 1，线性关系越好。

表 8 -3　相关系数临界值（r, f）

$n-2$	$\alpha=5\%$	$\alpha=1\%$	$n-2$	$\alpha=5\%$	$\alpha=1\%$	$n-2$	$\alpha=5\%$	$\alpha=1\%$
1	0.997	1.000	16	0.468	0.590	35	0.325	0.418
2	0.950	0.990	17	0.456	0.575	40	0.304	0.393
3	0.878	0.959	18	0.444	0.561	45	0.288	0.372
4	0.811	0.917	19	0.433	0.549	50	0.273	0.354
5	0.754	0.874	20	0.423	0.537	60	0.250	0.325
6	0.707	0.834	21	0.413	0.526	70	0.232	0.302
7	0.666	0.798	22	0.404	0.515	80	0.217	0.283
8	0.632	0.765	23	0.396	0.505	90	0.205	0.267
9	0.602	0.735	24	0.388	0.496	100	0.195	0.254
10	0.576	0.708	25	0.381	0.487	125	0.174	0.228
11	0.553	0.684	26	0.374	0.478	150	0.159	0.208
12	0.532	0.661	27	0.367	0.470	200	0.138	0.181
13	0.513	0.641	28	0.361	0.463	300	0.113	0.148
14	0.697	0.623	29	0.355	0.456	400	0.098	0.128
15	0.482	0.606	30	0.349	0.449	1 000	0.062	0.081

注：α 为显著性水准；$n-2$ 为自由度 f。

对拟合直线回归还可以得到以下参数：

残余标准差：

$$S_f = \left\{ \frac{(1-r^2)\left[\sum y_i^2 - \dfrac{1}{n}\left(\sum y_i\right)^2\right]}{n-2} \right\}^{\frac{1}{2}} \tag{8-13}$$

截距 a 的标准差：

$$S_a = S_f \left[\frac{\sum x_i^2}{n\sum x_i^2 - \left(\sum x_i\right)^2} \right]^{\frac{1}{2}} \tag{8-14}$$

斜率 b 的标准差：

$$S_b = \frac{S_f}{\left[n\sum x_i^2 - \left(\sum x_i\right)^2 \right]^{\frac{1}{2}}} \tag{8-15}$$

除了用相关系数检验方程的优劣之外，还可以用 F 检验法［式(8 - 16)］：

$$F = \frac{(n-2)r^2}{1-r^2} \tag{8-16}$$

计算得到的 F 值与 F 检验表(本书略)中的临界值进行比较，进行 F 检验。

8.3　拉格朗日(Lagrange)插值法

在实验数据处理中运用拉格朗日插值方法把得到的数据进行拟合，整合成一个新的拟合方程，作为处理实验数据的结果，运用这种改进的数值方法得到的结果更为精确，更适合实验数据处理。

插值法的定义：设 x_1，x_2，$\cdots$，$x_n \in [a, b]$，$f(x)$ 在 $[a,b]$ 上有连续的 $n+1$ 阶导数，且 $y_i = f(x_i)$ $(i=1, 2, \cdots, n)$，如果找到一个代数多项式 $g(x)$ 也能满足 $y_i = g(x_i)$ $(i=1, 2, \cdots, n)$，则 $g(x)$ 叫作 $f(x_i)$ 插值多项式。x_1，x_2，$\cdots$，x_n 为插值结点，两个结点之间的区间 [即 (x_1, y_1) 与 (x_n, y_n)] 叫作插值区间。已知函数 $y = f(x)$ 在若干点 x_i 的函数值 $y_i = f(x_i)$ $(i=1, 2, \cdots, n)$。一个插值问题就是求一 "简单" 的函数 $g(x)$：$g(x_i) = y_i$，$i = 1$，2，$\cdots$，n。

欲求自变量 x 所对应的 y 值，可在 x 附近确定测得的 3 个试验点 (x_i, y_i)，(x_{i+1}, y_{i+1})，(x_{i+2}, y_{i+2})，然后按式 $(8-17)$ 计算：

$$y = \frac{(x-x_{i+1})(x-x_{i+2})}{(x_i-x_{i+1})(x_i-x_{i+2})}y_i + \frac{(x-x_i)(x-x_{i+2})}{(x_{i+1}-x_i)(x_{i+1}-x_{i+2})}y_{i+1} + \frac{(x-x_i)(x-x_{i+1})}{(x_{i+2}-x_i)(x_{i+2}-x_{i+1})}y_{i+2}$$

$$(8-17)$$

式中，若 $x \leqslant x_2$，则 $i = 1$；若 $x > x_{n-1}$，$i = n-2$；若 $x_2 \leqslant x \leqslant x_{n-1}$，则 x 的取值应使得 $x \geqslant (x_i + x_{i+1})$ /2。拉格朗日插值的示意如图 8-4 所示。

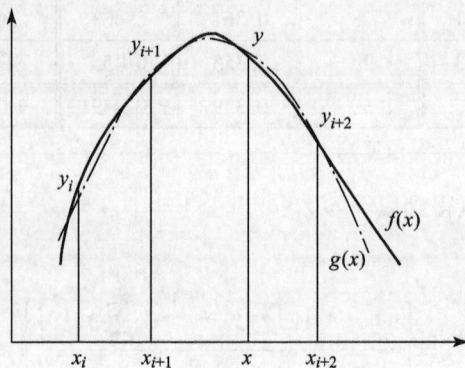

图 8-4　拉格朗日插值示意

附　　录

附录1　弱酸及弱碱在水溶液中的解离常数（25℃）

附表 1-1　弱酸

弱酸	分子式	$I=0$		$I=0.1$	
		Ka	pKa	Ka^M	pKa^M
砷酸	H_3AsO_4	6.3×10^{-3}（Ka1） 1.0×10^{-7}（Ka2） 3.2×10^{-12}（Ka3）	2.19 6.94 11.50	8×10^{-3}（Ka1） 2×10^{-7}（Ka2） 6×10^{-12}（Ka3）	2.1 6.7 11.2
亚砷酸	$HAsO_2$	6.0×10^{-10}	9.22	8×10^{-10}	9.1
硼酸	H_3BO_3	5.8×10^{-10}	9.24		
焦硼酸	$H_2B_4O_7$	1.0×10^{-4}（Ka1） 1.0×10^{-9}（Ka2）	4 9		
碳酸	$H_2CO_3（CO_2+H_2O）$	4.2×10^{-7}（Ka1） 5.6×10^{-11}（Ka2）	6.38 10.25	5×10^{-7}（Ka1） 8×10^{-11}（Ka2）	6.3 10.1
氢氰酸	HCN	4.9×10^{-10}	9.31	6×10^{-10}	9.2
铬酸	H_2CrO_4	1.8×10^{-1}（Ka1） 3.2×10^{-7}（Ka2）	0.74 6.50		
氢氟酸	HF	6.8×10^{-4}	3.17	8.9×10^{-4}	3.1
亚硝酸	HNO_2	5.1×10^{-4}	3.29		
过氧化氢	H_2O_2	1.8×10^{-12}	11.75		
磷酸	H_3PO_4	6.9×10^{-3}（Ka1） 6.2×10^{-8}（Ka2） 4.8×10^{-13}（Ka3）	2.16 7.21 12.32	1×10^{-3}（Ka1） 1.3×10^{-8}（Ka2） 2×10^{-12}（Ka3）	2.0 6.9 11.7
焦磷酸	$H_4P_2O_7$	3.0×10^{-2}（Ka1） 4.4×10^{-3}（Ka2） 2.5×10^{-7}（Ka3） 5.6×10^{-10}（Ka4）	1.52 2.36 6.60 9.25		

弱酸	分子式	$I=0$		$I=0.1$	
		Ka	pKa	Ka^M	pKa^M
亚磷酸	H_3PO_3	5.0×10^{-2} (Ka1) 2.5×10^{-7} (Ka2)	1.30 6.60		
氢硫酸	H_2S	8.9×10^{-8} (Ka1) 1.2×10^{-13} (Ka2)	7.05 12.92	1.3×10^{-7} (Ka1) 7.1×10^{-15} (Ka2)	6.9 12.6
硫酸	H_2SO_4	1.2×10^{-2} (K_{a2})	1.92	1.6×10^{-2} (K_{a2})	1.8
亚硫酸	H_3SO_3 (SO_2+H_2O)	1.29×10^{-2} (Ka1) 6.3×10^{-8} (Ka2)	1.89 7.20	1.6×10^{-2} (Ka1) 1.6×10^{-7} (Ka2)	1.8 6.8
硅酸	H_2SiO_3	1.7×10^{-10} (Ka1) 1.6×10^{-12} (Ka2)	9.77 11.80	3×10^{-10} (Ka1) 2×10^{-13} (Ka2)	9.5 12.7
甲酸	HCOOH	1.7×10^{-4}	3.77	2.2×10^{-4}	3.65
乙酸	CH_3COOH	1.75×10^{-5}	4.76	2.2×10^{-5}	4.65
一氯乙酸	$CH_2ClCOOH$	1.38×10^{-3}	2.86	2×10^{-3}	2.7
二氯乙酸	$CHCl_2COOH$	5.5×10^{-2}	1.26	8×10^{-2}	1.1
三氯乙酸	CCl_3COOH	0.23	0.64		
氨基乙酸盐	$^+NH_3CH_2COOH$ $^+NH_3CH_2COO^-$	4.5×10^{-3} (Ka1) 1.7×10^{-10} (Ka2)	2.35 9.78	3×10^{-3} (Ka1) 2×10^{-10} (Ka2)	2.5 9.7
抗坏血酸	$-CHOH-CH_2OH$	5.0×10^{-5} (Ka1) 1.5×10^{-10} (Ka2)	4.30 9.82		
乳酸	$CH_3CHOHCOOH$	1.4×10^{-4}	3.86		
苯甲酸	C_6H_5COOH	6.2×10^{-5}	4.21	8×10^{-5}	4.1
草酸	$H_2C_2O_4$	5.6×10^{-2} (Ka1) 5.1×10^{-5} (Ka2)	1.22 4.19	8×10^{-2} (Ka1) 1×10^{-4} (Ka2)	1.1 4.0
d-酒石酸	CH(OH)COOH CH(OH)COOH	9.1×10^{-4} (Ka1) 4.3×10^{-5} (Ka2)	3.04 4.37	1.3×10^{-3} (Ka1) 8×10^{-5} (Ka2)	2.9 4.1
邻-苯二甲酸	⬡—COOH —COOH	1.12×10^{-3} (Ka1) 3.91×10^{-6} (Ka2)	2.95 5.41	1.6×10^{-3} (Ka1) 8×10^{-6} (Ka2)	2.8 5.1
柠檬酸	CH_2COOH CH(OH)COOH CH_2COOH	7.4×10^{-4} (Ka1) 1.7×10^{-5} (Ka2) 4.0×10^{-7} (Ka3)	3.13 4.76 6.40	1×10^{-4} (Ka1) 4×10^{-5} (Ka2) 8×10^{-7} (Ka3)	3.0 4.4 6.1
苯酚	C_6H_5OH	1.12×10^{-10}	9.95	1.6×10^{-10}	9.8
乙二胺四乙酸	H_6-EDTA^{2+} H_5-EDTA^+ H_4-EDTA			1.3×10^{-1} (Ka1) 3×10^{-2} (Ka2) 8.5×10^{-3} (Ka3)	0.9 1.6 2.07 2.75

弱酸	分子式	$I = 0$		$I = 0.1$	
		Ka	pKa	Ka^M	pKa^M
乙二胺四乙酸	$H_3 - EDTA^-$ $H_2 - EDTA^{2-}$ $H - EDTA^{3-}$	5.4×10^{-7}(Ka5) 1.12×10^{-11}(Ka6)	6.27 10.95	1.8×10^{-3}(Ka4) 5.8×10^{-7}(Ka5) 4.6×10^{-11}(Ka6)	6.24 10.34

附表 1 - 2　弱碱

弱碱	分子式	$I = 0$		$I = 0.1$	
		Kb	pKb	Kb^M	pKb^M
氨水	NH_3	1.8×10^{-5}	4.75	2.3×10^{-5}	4.63
联氨	H_2NNH_2	9.8×10^{-7}(Kb1) 1.32×10^{-15}(Kb2)	6.01 14.88	1.3×10^{-6}(Kb1)	5.9
羟胺	NH_2OH	9.1×10^{-9}	8.04	1.6×10^{-8}	7.8
甲胺	CH_3NH_2	4.2×10^{-4}	3.38		
乙胺	$C_2H_5NH_2$	4.3×10^{-4}	3.37		
二甲胺	$(CH_3)_2NH$	1.2×10^{-4}	3.93		
二乙胺	$(C_2H_5)_2NH$	1.3×10^{-3}	2.89		
乙醇胺	$HOCH_2CH_2NH_2$	3.2×10^{-5}	4.50		
三乙醇胺	$(HOCH_2CH_2)_3N$	5.8×10^{-7}	6.24	1.3×10^{-8}	7.9
六次甲基四胺	$(CH_2)_6N_4$	1.35×10^{-9}	8.87	1.8×10^{-9}	8.74
乙二胺	$H_2NHC_2CH_2NH_2$	8.5×10^{-5}(Kb1) 7.1×10^{-8}(Kb2)	4.07 7.15		
吡啶		1.8×10^{-9}	8.74	1.6×10^{-9}	8.79 ($I = 0.5$)
邻二氮菲		6.9×10^{-10}	9.16	8.9×10^{-10}	9.05

附录 2　标准电极电位及条件电位(V，vs SHE)

半反应	φ^0(V)	条件电位 φ^0(介质条件)
$F_2(气) + 2H^+ + 2e = 2HF$	3.06	
$O_3 + 2H^+ + 2e = O_2 + 2H_2O$	2.07	
$S_2O_8^{2-} + 2e = 2SO_4^{2-}$	2.01	

半反应	$\varphi^0(V)$	条件电位 φ^0（介质条件）
$H_2O_2 + 2H^+ + 2e = 2H_2O$	1.77	
$MnO_4^- + 4H^+ + 3e = MnO_2（固）+ 2H_2O$	1.695	
$PbO_2（固）+ SO_4^{2-} + 4H^+ + 2e =$ $PbSO_4（固）2H_2O$	1.685	
$HClO_2 + H^+ + e = HClO + H_2O$	1.64	
$HClO + H^+ + e = 1/2Cl_2 + H_2O$	1.63	
$Ce^{4+} + e = Ce^{3+}$	1.61	$1.70（1\ mol \cdot L^{-1}H_2SO_4）$ $1.44（0.5\ mol \cdot L^{-1}H_2SO_4）$ $1.28（1\ mol \cdot L^{-1}HCl）$
$H_5IO_6 + H^+ + 2e = IO_3^- + 3H_2O$	1.6	
$HBrO + H^+ + e = 1/2\ Br_2 + H_2O$	1.59	
$BrO_3^- + 6H^+ + 5e = 1/2\ Br_2 + 3H_2O$	1.52	
$MnO_4^- + 8H^+ + 5e = Mn^{2+} + 4H_2O$	1.51	
$Au（Ⅲ）+ 3e = Au$	1.5	
$HClO + H^+ + 2e = Cl^- + H_2O$	1.49	
$ClO_3^- + 6H^+ + 5e = 1/2\ Cl_2 + 3H_2O$	1.47	
$PbO_2（固）+ 4H^+ + 2e = Pb^{2+} + 2H_2O$	1.455	
$HIO + He = 1/2I_2 + H_2O$	1.45	
$ClO_3^- + 6H^+ + 6e = Cl^- + 3H_2O$	1.45	
$BrO_3^- + 6H^+ + 6e = Br^- 3H_2O$	1.44	
$Au（Ⅲ）+ 2e = Au（I）$	1.41	
$Cl_2（气）+ 2e = 2Cl^-$	1.359 5	
$ClO_4^- + 8H^+ + 7e = 1/2Cl_2 + 4H_2O$	1.34	
$Cr_2O_7^{2-} + 14H^+ + 6e = 2Cr^{3+} + 7H_2O$	1.33	$1.03（1\ mol \cdot L^{-1}HClO_4）$ $1.15（0.1\ mol \cdot L^{-1}H_2SO_4）$
$MnO_2（固）+ 4H^+ + 2e = Mn^{2+} + 2H_2O$	1.23	
$O_2（气）+ 4H^+ + 4e = 2H_2O$	1.229	
$IO_3^- + 6H^+ + 5e = 1/2I_2 + 3H_2O$	1.2	
$ClO_4^- + 2H^+ + 2e = ClO_3^- + H_2O$	1.19	
$Br_2（水）+ 2e = 2Br^-$	1.087	
$NO_2 + H^+ + e = HNO_2$	1.07	
$Br_3^- + 2e = 3Br^-$	1.05	

半反应	$\varphi^0(V)$	条件电位 φ^0(介质条件)
$HNO_2 + H^+ + e = NO(气) + H_2O$	1	
$VO_2 + 2H^+ + e = VO^{2+} + H_2O$	1	
$HIO + H^+ + 2e = I^- + H_2O$	0.99	
$NO_3^- + 3H2e = HNO_2 + H_2O$	0.94	
$ClO^- + H_2O + 2e = Cl^- + 2OH^-$	0.89	
$H_2O_2 + 2e = 2OH^-$	0.88	
$Cu^{2+} + I^- + e = CuI(固)$	0.86	
$Hg_2^+ + 2e = Hg$	0.845	
$NO^{3-} + 2H + e = NO_2 + H_2O$	0.8	
$Ag^+ + e = Ag$	0.799 5	
$Hg_2^{2+} + 2e = 2Hg$	0.793	
$Fe^{3+} + e = Fe^{2+}$	0.771	$0.70(1\ mol \cdot L^{-1}\ HCl)$ $0.67(0.5\ mol \cdot L^{-1}\ H_2SO_4)$ $0.44(0.3\ mol \cdot L^{-1} H_3PO_4)$
$BrO^- + H_2O + 2e = Br^- + 2OH^-$	0.76	
$O_2(气) + 2H^+ + 2e = H_2O_2$	0.682	
$AsO_3^- + 2H_2O + 3e = As + 4OH^-$	0.68	
$2HgCl_2 + 2e = Hg_2Cl_2(固) + 2Cl^-$	0.63	
$Hg_2SO_4(固) + 2e = 2Hg + SO_4^{2-}$	0.615 1	
$MnO_4^- + 2H_2O + 3e = MnO_2 + 4OH^-$	0.588	
$MnO_4^- + e = MnO_4^{2-}$	0.564	
$H3AsO_4 + 2H + +2e = HAsO_2 + 2H_2O$	0.559	
$I_3^- + 2e = 3I^-$	0.54	$0.545(0.5\ mol \cdot L^{-1}H_2SO_4)$
$I_2(固) + 2e = 2I^-$	0.534 5	
$Mo(VI) + e = Mo(V)$	0.53	
$Cu^+ + e = Cu$	0.52	
$4SO_2(水) + 4H^+ + 6e = S_4O_6^{2-} + 2H_2O$	0.51	
$HgCl_4^{2-} + 2e = Hg + 4Cl^-$	0.48	
$2SO_2(水) + 2H^+ + 4e = S_2O_3^{2-} + H_2O$	0.4	
$Fe(CN)_6^{3-} + e = Fe(CN)_6^{4-}$	0.361	$0.560(0.1\ mol \cdot L^{-1}\ HCl)$ $0.71(1\ mol \cdot L^{-1}\ HCl)$
$Cu^{2+} + 2e = Cu$	0.337	

半反应	φ^0(V)	条件电位 φ^0(介质条件)
$VO^{2+} + 2H^+ + 2e = V^{3+} + H_2O$	0.337	
$BiO + 2H^+ + 3e = Bi + H_2O$	0.32	
$Hg_2Cl_2(固) + 2e = 2Hg + 2Cl^-$	0.2676	
$HAsO_2 + 3H^+ + 3e = As + 2H_2O$	0.248	
$AgCl(固) + e = AgCl^-$	0.2223	
$SbO + 2H^+ + 3e = Sb + H_2O$	0.212	
$SO_4^{2-} + 4H^+ + 2e = SO_2(水) + H_2O$	0.17	
$Cu^{2+} + e = Cu^-$	0.519	
$Sn^{4+} + 2e = Sn^{2+}$	0.154	
$S + 2H^+ + 2e = H_2S(气)$	0.141	
$Hg_2Br_2 + 2e = 2Hg + 2Br^-$	0.1395	
$TiO^{2+} + 2H^+ + e = Ti^{3+} + H_2O$	0.1	$0.01(0.2\ mol \cdot L^{-1}H_2SO_4)$ $0.15(5\ mol \cdot L^{-1}H_2SO_4)$ $0.1(3\ mol \cdot L^{-1}HCl)$
$S_4O_6^{2-} + 2e = 2S_2O_3^{2-}$	0.08	
$AgBr(固) + e = Ag Br -$	0.071	
$2H^+ + 2e = H_2$	0	
$O_2 + H_2O + 2e = HO_2^- + OH^-$	−0.067	
$TiOCl + 2H^+ + 3Cl^- + e = TiCl_4^- + H_2O$	−0.09	
$Pb^{2+} + 2e = Pb$	−0.126	
$Sn^{2+} + 2e = Sn$	−0.136	
$AgI(固) + e = AgI^-$	−0.152	
$Ni^{2+} + 2e = Ni$	−0.246	
$H_3PO_4 + 2H^+ + 2e = H_3PO_3 + H_2O$	−0.276	
$Co^{2+} + 2e = Co$	−0.277	
$Tl^+ + e = Tl$	−0.336	
$In^{3+} + 3e = In$	−0.345	
$PbSO_4(固) + 2e = Pb + SO_4^{2-}$	0.3553	
$SeO_3^{2-} + 3H_2O + 4e = Se + 6OH^-$	−0.366	
$As^{3+} + II^+ + 3e = AsH_3$	−0.38	
$Se + 2H^+ + 2e = H_2Se$	−0.4	
$Cd^{2+} + 2e = Cd$	−0.403	

半反应	$\varphi^0(V)$	条件电位 φ^0(介质条件)
$Cr^{3+} + e \Longrightarrow Cr^{2+}$	$- >0.41$	
$Fe^{2+} + 2e \Longrightarrow Fe$	-0.44	
$S + 2e \Longrightarrow S^{2-}$	-0.48	
$2CO_2 + 2H^+ + 2e \Longrightarrow H_2C_2O_4$	-0.49	
$H_3PO_3 + 2H^+ + 2e \Longrightarrow H_3PO_2 + H_2O$	-0.5	
$Sb + 3H^+ + 3e \Longrightarrow PbH3$	-0.51	
$HPbO_2^- + H_2O + 2e \Longrightarrow Pb + 3OH^-$	-0.54	
$Ga^{3+} + 3e \Longrightarrow Ga$	-0.56	
$TeO_3^{2-} + 3H_2O + 4e \Longrightarrow Te + 6OH^-$	-0.57	
$2SO_3^{2-} + 3H_2O + 4e \Longrightarrow S_2O_3^{2-} + 6OH^-$	-0.58	
$SO_3^{2-} + 3H_2O + 4e \Longrightarrow S + 6OH^-$	-0.66	
$AsO_4^{3-} + 2H_2O + 2e \Longrightarrow AsO_2^- + 4OH^-$	-0.67	
$Ag_2S(固) + 2e \Longrightarrow 2AgS^{2-}$	-0.69	
$Zn^{2+} + 2e \Longrightarrow Zn$	-0.763	
$2H_2O + 2e \Longrightarrow H_2 + 2OH^-$	-8.28	
$Cr^{2+} + 2e \Longrightarrow Cr$	-0.91	
$HSnO_2^- + H_2O + 2e \Longrightarrow Sn^- + 3OH^-$	$- >0.91$	
$Se + 2e \Longrightarrow Se^{2-}$	-0.92	
$Sn(OH)_6^{2-} + 2e \Longrightarrow HSnO^{2-} + H_2O + 3OH^-$	-0.93	
$CNO^- + H_2O + 2e \Longrightarrow ZN^- + 2OH^-$	-0.97	
$Mn^{2+} + 2e \Longrightarrow Mn$	-1.182	
$ZnO_2^{2-} + 2H_2O + 2e \Longrightarrow Zn + 4OH^-$	-1.216	
$Al^{3+} + 3e \Longrightarrow Al$	-1.66	
$H_2AlO_3^- + H_2O + 3e \Longrightarrow Al + 4OH^-$	-2.35	
$Mg^{2+} + 2e \Longrightarrow Mg$	-2.37	
$Na^+ + e \Longrightarrow Na$	-2.71	
$Ca^{2+} + 2e \Longrightarrow Ca$	-2.87	
$Sr^{2+} + 2e \Longrightarrow Sr$	-2.89	
$Ba^{2+} + 2e \Longrightarrow Ba$	-2.9	
$K^+ + e \Longrightarrow K$	-2.925	
$Li^+ + e \Longrightarrow Li$	-3.042	

附录3　一些参比电极在水溶液中的电极电位(V，vs SHE)

温度/℃	甘汞电极			$Hg \mid Hg_2SO_4$，H_2SO_4 $[\alpha(SO_4^{2-}) = 1\ mol \cdot L^{-1}]$	$Ag \mid AgCl$，Cl^-		
	$0.1\ mol \cdot L^{-1}KCl$	$1\ mol \cdot L^{-1}\ KCl$	饱和 KCl		$1\ mol \cdot L^{-1}\ KCl$	饱和 KCl	氢醌电极
0	0.338 0	0.288 8	0.260 1	0.634 95			0.680 7
5	0.337 7	0.287 6	0.256 8	0.630 97			0.684 4
10	0.337 4	0.286 4	0.253 6	0.627 04	0.215 2	0.213 8	0.688 1
15	0.337 1	0.285 2	0.250 3	0.623 07	0.211 7	0.208 9	0.691 8
20	0.336 8	0.284 0	0.247 1	0.619 30	0.208 2	0.204 0	0.695 5
25	0.336 5	0.282 8	0.243 8	0.615 15	0.204 6	0.198 9	0.699 2
30	0.336 2	0.281 6	0.240 5	0.611 07	0.200 9	0.193 9	0.702 9
35	0.335 9	0.280 4	0.237 3	0.607 01	0.197 1	0.188 7	0.706 6
40	0.335 6	0.279 2	0.234 0	0.603 05	0.193 3	0.183 5	0.710 3
45	0.335 3	0.278 0	0.230 8	0.599 00			0.714 0
50	0.335 0	0.276 8	0.227 5	0.594 87			0.717 7

附录4　不同温度的 $\Delta E(mV)/\Delta pH$

温度/℃	$\theta = \Delta E(mV)/\Delta pH$	温度/℃	$\theta = \Delta E(mV)/\Delta pH$	温度/℃	$\theta = \Delta E(mV)/\Delta pH$
0	54.1	13	56.7	26	59.3
1	54.3	14	56.9	27	59.5
2	54.5	15	57.1	28	59.7
3	54.7	16	57.3	29	59.9
4	54.9	17	57.5	30	60.1
5	55.1	18	57.7	31	60.3
6	53.3	19	57.9	32	60.5
7	55.5	20	58.1	33	60.7
8	55.7	21	58.3	34	60.9
9	55.9	22	58.5	35	61.1
10	56.1	23	58.7	36	61.3
11	56.3	24	58.9	37	61.5
12	56.5	25	59.1	38	61.7

温度/℃	$\theta = \Delta E(\text{mV})/\Delta\text{pH}$	温度/℃	$\theta = \Delta E(\text{mV})/\Delta\text{pH}$	温度/℃	$\theta = \Delta E(\text{mV})/\Delta\text{pH}$
39	61.9	43	62.7	47	63.5
40	62.1	44	62.9	48	63.7
41	62.3	45	63.1	49	63.9
42	62.5	46	63.3	50	64.1

附录5　缓冲液

附表 5 – 1　常用缓冲液

缓冲液名称及常用浓度	共轭酸碱对形式	pKa(25℃)
甘氨酸 – HCl	$^+NH_3CH_2COOH - {}^+NH_3CH_2COO^-$	2.35
$CH_2ClCOOH - NaOH$	$CH_2ClCOOH - CH_2ClCOO^-$	2.86
$HCOOH - NaOH$	$HCOOH - HCOO^-$	3.77
$CH_3COOH - CH_3COONa$	$CH_3COOH - CH_3COO^-$	4.76
$(CH_2)_6N_4 - HCl$	$(CH_2)_6N_4H^+ - (CH_2)_6N_4$	5.13
$NaH_2PO_4 - Na_2HPO_4$	$H_2PO_4^- - HPO_4^{2-}$	7.21
$N(CH_2CH_2OH)_3 - HCl$	$NH^+(CH_2CH_2OH)_3 - N(CH_2CH_2OH)_3$	7.76
$NH_2C(CH_2OH)_3 - HCl$ 三羟甲基氨基甲烷(Tris)	$NH_3{}^+C(CH_2OH)_3 - NH_2C(CH_2OH)_3$	8.21
Na_2B_4O	$H_3BO_3 - H_2BO_3{}^-$	9.24
$NH_3 \cdot H_2O - NH_4Cl$	$NH_4{}^+ - NH_3$	9.25
甘氨酸 – NaOH	$^+NH_3CH_2COO - NH_2CH_2COO^-$	9.78
$NaHCO_3 - Na_2CO_3$	$HCO_3{}^- - CO_3{}^{2-}$	10.25
$Na_2HPO_4 - NaOH$	$HPO_4^{2-} - PO_4^{3-}$	12.32

附表 5 – 2　pH 测定常用标准缓冲液

标准缓冲液	不同温度(℃)的 pH 值						
	10	15	20	25	30	35	40
0.034 mol·L^{-1}饱和酒石酸钾(25℃)	—	—	—	3.56	3.55	3.55	3.55
0.050 mol·L^{-1}邻苯二甲酸酸钾	4.00	4.00	4.00	4.01	4.01	4.02	4.04
0.025 mol·L^{-1}KH$_2$PO$_4$ + 0.025 mol·L^{-1}K$_2$HPO$_4$	6.92	6.90	6.88	6.86	6.85	6.84	6.84
0.050 mol·L^{-1}硼砂	9.33	9.27	9.22	9.18	9.14	9.10	9.06
饱和氢氧化钙(25℃)	13.00	12.81	12.63	12.45	12.30	12.14	11.98

续表

标准缓冲液	不同温度(℃)的 pH 值						
	10	15	20	25	30	35	40
0.050 mol·L⁻¹草酸氢钾	1.670	1.670	1.675	1.679	1.683	1.688	1.694
0.010 mol·L⁻¹四硼酸钠	9.332	9.270	9.225	9.180	9.139	9.102	9.068

附录6 市售酸碱试剂的含量及密度

试剂名称	20℃的密度/(g·mL⁻¹)	重量百分浓度/%	摩尔浓度/(mol·L⁻¹)
浓氨水	0.900~0.907	25.0~28.0	13.32~14.44
硝酸	1.391~1.405	65.0~68.0	14.36~15.16
氢溴酸	1.49	47	8.6
氢碘酸	1.50~1.55	45.3~45.8	5.31~5.55
盐酸	1.179~1.185	36.0~38.0	11.65~12.38
硫酸	1.83~1.84	95.0~98.0	17.8~18.5
冰乙酸	≤1.050 3	≥99.8	≥17.45
冰醋酸	≤1.054 9	≥98	≥17.21
磷酸	≥1.68	≥85	≥14.6
氢氟酸	≥1.128	≥40	≥22.55
过氯酸	1.206~1.220	30.0~31.61	3.60~3.84
高氯酸	≥1.675	70~72	≥11.70~12

附录7 常用干燥剂

干燥剂名称	干燥能力 经干燥后空气中剩余水分/(mg·L⁻¹)	应用实例
硅胶	6×10^{-3}	NH_3、O_2、N_2、空气及仪器防潮
P_2O_5	2×10^{-5}	CS_2、H_2、O_2、SO_2、N_2、CH_4 等
$CaCl_2$	0.14	H_2、O_2、HCl、Cl_2、H_2S、NH_3、CO_2、CO、SO_2、N_2、CH_4、乙醚等
碱石灰	—	NH_3、O_2、N_2 等,并可除去气体中的 CO_2 和酸气等
浓硫酸	3×10^{-3}	As_2O_3、I_2、$AgNO_3$、SO_2、卤代烃、饱和烃等
分子筛	1.2×10^{-3}	H_2、O_2、空气、乙醇、乙醚、甲醇、吡啶、丙酮、苯等

附录8　理论纯水的电导率($K_{p,t}$) 及其换算因素(a_t^*)

$t/℃$	$K_{p,t}/(mS \cdot m^{-1})$	a_t	$t/℃$	$K_{p,t}/(mS \cdot m^{-1})$	a_t
10	0.002 30	1.412	22	0.004 66	1.067
12	0.002 60	1.346	24	0.005 19	1.021
14	0.002 92	1.283	26	0.005 78	0.980
16	0.003 30	1.224	28	0.006 40	0.941
18	0.003 70	1.168	30	0.007 12	0.906
20	0.004 18	1.116	32	0.007 84	0.875

* a_t 是不同温度水的电导率换算成25℃（即参考温度）时电导率的换算因素，其计算公式为：$K_{25℃} = a_t(K_t - K_{p,t}) + 0.005 48$。引自国家标准《分析实验室用水规格和试验方法》GB 6682—1992。

附录9　红外光谱的8个重要区段

波长/mm	波数/cm^{-1}	键的振动类型
2.7 ~ 3.3	3 750 ~ 3 000	υ_{O-H} υ_{N-H}
3.0 ~ 3.3	3 300 ~ 3 000	υ_{C-H} ($-C≡C-C$, $-C=CH-$, $Ar-H$)
3.3 ~ 3.7	3 000 ~ 2 700	υ_{C-H} ($-CH_3$, $-CH_2-$, CH, CHO)
4.2 ~ 4.9	2 400 ~ 2 100	$\upsilon_{C≡C}$, $C≡N$, $C=C=C$
5.3 ~ 6.1	1 900 ~ 1 600	$\upsilon_{C=O}$ (酸、醛、酮、酰胺、酯、羧酸)
5.9 ~ 6.2	1 675 ~ 1 500 1 650 ~ 1 560	$\delta_{C=C}$ (脂肪族及芳香族)，$\upsilon_{C=N}$ δ_{N-H}
6.8 ~ 10.0	1 475 ~ 1 300	δ_{C-H} (面内)
10.0 ~ 15.4	1 360 ~ 1 250 1 200 ~ 1 025 1 000 ~ 650	υ_{C-N} 芳香胺 $_{C-O(H)}$ 醇醚酚 $\delta_{C=C-H,Ar-H}$ (面外)

附录 10　一些基团的振动与波数的关系

基团类型	波数/cm^{-1}	峰的强度 *
u_{O-H}	3 700 ~ 3 200	vs
游离 u_{O-H}	3 700 ~ 3 500	vs，尖锐吸收带
羧基 u_{O-H}	3 500 ~ 2 500	vs，宽吸收带
缔合 u_{O-H}	3 500 ~ 3 200	s，较宽吸收带
游离 u_{N-H}	3 500 ~ 3 300	w，尖锐吸收带
缔合 u_{N-H}	3 500 ~ 3 100	w，尖锐吸收带
酰胺 u_{N-H}	3 500 ~ 3 300	可变
u_{C-H}		
$-C \equiv C - H$	≈3 300	vs
$-C = C - H$	3 100 ~ 3 000	m
Ar – H	3 050 ~ 3 010	m
$-CH_3$	1 960 和 2 870	vs
$-CH_2-$	2 930 和 2 850	vs
叔 C – H	2 890	w
醛 C – H	2 720	w
$u_{C=O}$		s
饱和脂肪醛	1 740 ~ 1 720	s
a，b – 不饱和脂肪醛	1 705 ~ 1 680	s
芳香醛	1 715 ~ 1 690	s
a，b – 不饱和脂肪酮	1 725 ~ 1 705	s
芳香酮	1 685 ~ 1 650	s
羧酸	1 710 ~ 1 680	s
酸酐	1 850 ~ 1 800，1 700 ~ 1 680	s
$u_{C=C}$，$u_{C=N}$，$u_{N=N}$		
烯烃	1 680 ~ 1 620	不定
苯环骨架	1 620 ~ 1 450	
$-C = N -$	1 690 ~ 1 640	不定
$-N = N -$	1 630 ~ 1 570	不定
烷基的面内变形振动 d_{C-H}		
$-CH_3$	1 380	s
$-CH_2-$	1 455	m
u_{C-C}	1250 ~ 1140	m
u_{C-C}		s
伯醇	1 050	s
仲醇	1 100	s
叔醇	1 150	s
酚	1 200	s
烯基醚	1 220 ~ 1 130	s
醚	1 275 ~ 1 060	s

续表

基团类型	波数/cm^{-1}	峰的强度 *
u_{C-N}	1 360 ~ 1 020	s
各种取代苯的面外摇摆 g_{C-H}	670	s
苯	770 ~ 7 300	vs
单取代	710 ~ 6 900	s
二取代		
1，2 -	770 ~ 735	vs
1，3 -	810 ~ 750	vs
	725 ~ 680	m→s
1.4 -	860 ~ 800	vs
三取代		
1，2，3 -	780 ~ 760	vs
	745 ~ 705	vs
1，2，4 -	885 · 870	m
	825 ~ 805	s
1，3，5 -	865 ~ 810	s
	730 ~ 675	s

* vs、s、m、w 分别代表很强、强、中等、弱。

附录 11　部分元素的光谱线

元素	灵敏线/nm	次灵敏线/nm	元素	灵敏线/nm	次灵敏线/nm
Ag	328. 068	338. 289	Na	588. 995	330. 232 330. 299 589. 592
Al	309. 271	308. 216	Ni	232. 003	231. 096 231. 10 233. 749 323. 226
As	188. 990	193. 696 197. 197	Pb	216. 999	202. 202 205. 327 283. 306
B	249. 678	249. 773	Pt	265. 945	214. 423 248. 717 283. 030 306. 471
Bi	306. 77	289. 80	Sb	217. 581	206. 833 212. 739 231. 147

元素	灵敏线/nm	次灵敏线/nm	元素	灵敏线/nm	次灵敏线/nm
Ca	422.673	239.356 272.164 393.367 396.847	Fe	248.327	208.412 248.637 252.285 302.064
Co	240.725	242.493 304.4.00 352.6.85 252.1.36	Hg	184.957 *	253.652
Cr	357.869	359.349 360.533 425.437 427.480	Si	251.612	250.690 251.433 252.412 252.852
Cu	324.754	216.509 217.894 218.172 327.396	Sn	224.605	235.443 286.333
Mg	385.213	279.553 202.580 230.270	Ti	364.268	319.990 363.546 365.350 399.864
Mn	279.482	222.183 280.106 403.307 403.449	Zn	213.856	202.551 206.191 307.590
Mo	313.259	317.035 319.400 386.411 390.296	W	255.135	265.654 268.141 294.740

带有 * 号者为真空紫外线，通常条件下不能应用

附录 12　气相色谱常用固定液

商品名	中文名称	英文名称	相对极性	溶剂	使用温度/℃
SQ	角鲨烷	Squalene	非极性	乙醚	20～150
AC1 OV-101 OV-1 DB-1 SE-30 HP-1	聚二甲基硅氧烷	Dimethyl polysiloxane	非极性	乙醚、氯仿、苯	≤350

商品名	中文名称	英文名称	相对极性	溶剂	使用温度/℃
RTX－1 BP－1	聚二甲基硅氧烷	Dimethyl polysiloxane	非极性	乙醚、氯仿、苯	≤350
Dexsil 300	聚碳硼烷甲基硅氧烷	Carborane methyl silicone	非极性	乙醚、氯仿、苯	20～225
SE－31	乙烯基(1%)甲基聚硅氧烷	Methyl vinyl polysiloxane	弱极性	乙醚、氯仿、苯、二氯甲烷	≤300
SE－54 OV－5 DB－5 HP－5 RTX－5 BP－5	苯基(5%)乙烯基(1%)甲基聚硅氧烷	Phenylvinylmethyl polysiloxane	弱极性	乙醚、氯仿	≤300
DC－550	苯基(25%)甲基聚硅氧烷	Phenylmethyl polysiloxane	弱极性	丙酮、乙醚、氯仿、苯	－20～220
OV－17	苯基(50%)甲基聚硅氧烷	Phenylmethyl polysiloxane	中等极性	丙酮、乙醚、氯仿、苯	≤300
SE－60 (XE－60)	氰乙基(25%)甲基聚硅氧烷	Cyanoethylmethyl polysiloxane	中等极性	丙酮、乙醚、氯仿	≤275
OV－225 AC225， P－225 DB－225 HP－225 RTX－225	氰丙基(25%)苯基(25%)甲基聚硅氧烷	Cyanopropyl phenyl polysiloxane	中等极性	乙醚、氯仿	≤275
PEG－20M (Carbowax 20M) HP－20M DB－WAX 007－20M BP－20	聚乙二醇－20M	Polyethylene glycol 2000	极性	丙酮、氯仿、二氯甲烷	60～250
FFAP SP－1000 OV－351 BP－21 HP－FFAP.	聚乙二醇－20M－2－硝基对苯二甲酸	Polyethylene glycol 2000－2－nitroterephthalic acid	极性	丙酮、氯仿、二氯甲烷	50～275
QF－1	三氟丙基甲基聚硅氧烷	Trifluoropropyl methyl polysiloxane	极性	丙酮、氯仿、二氯甲烷	≤275
OV－275	氰乙基(25%)氰丙基(25%)聚硅氧烷	Cyanoethyl cyanopropyl polysiloxane	强极性	丙酮、氯仿	≤300

附录 13　气相色谱中的常用载体

商品编号	组成、规格和用途	产地
101	白色硅藻土载体，硅藻土经过洗涤后，加碱性助溶剂，再经高温灼烧而成的弱碱性硅藻土	上海
101 酸洗	101 载体经盐酸处理而成	上海
101 硅烷化	101 载体经二甲基二硅氧烷（DMCS）硅烷化处理	上海
102	白色硅藻土载体，硅藻土经过洗涤后，加中性助溶剂，再经高温灼烧而成的弱碱性硅藻土	上海
201	红色硅藻土载体，经硅藻土加填料成型，再经高温灼烧，适用于分析非极性物质	上海
201 酸洗	201 载体经盐酸处理而成	上海
202	浅红色硅藻土载体，由硅藻土成型，经高温灼烧而成	上海
405	白色硅藻土载体，吸附性能低，催化性能低，适于分析高沸点、极性和易分解的化合物	大连
6201	红色硅藻土载体，适于分析非极性物质	大连
Celite	白色硅藻土载体	美国
Celatom	白色硅藻土载体	美国
Gas Chrom A	酸洗的 Celatom	美国
Gas Chrom P	酸碱洗的 Celatom	美国
Gas Chrom Q	经过二甲基二硅氧烷（DMCS）硅烷化处理的 Gas Chrom P，为同类型中最好的载体，催化吸附性小，表面均匀，适于分析农药、药物、甾族化合物	美国
Chromosorb G	白色硅藻土载体	美国
Chromosorb P	白色硅藻土载体	美国
Chromosorb W	白色硅藻土载体	美国
Chromosorb WHP	白色高惰性硅藻土载体，催化吸附性小，适于分析药物等难分析的化合物	美国

附录 14　液相色谱常用流动相的性质

指标　溶剂	沸点/℃	密度/(g·cm⁻³)(20℃)	黏度/(mPa·s)(20℃)	折射率	λ_{UV}/nm *	溶剂强度参数 ε°	溶解度参数 δ	极性参数 P'
正己烷	69	0.659	0.30	1.372	190	0.01	7.3	0.1
环己烷	81	0.779	0.90	1.423	200	0.04	8.2	−0.2
四氯化碳	77	1.590	0.90	1.457	265	0.18	8.6	1.6
苯	80	0.879	0.60	1.498	280	0.32	9.2	2.7
甲苯	110	0.866	0.55	1.494	285	0.29	8.8	2.4
二氯甲烷	40	1.336	0.41	1.421	233	0.42	9.6	3.1
异丙醇	82	0.786	1.90	1.384	205	0.82	—	3.9
四氢呋喃	66	0.880	0.46	1.405	212	0.57	9.1	4.0
乙酸乙酯	77	0.901	0.43	1.370	256	0.58	8.6	4.4
氯仿	61	1.500	0.53	1.443	245	0.40	9.1	4.1
二氧六环	101	1.003	1.20	1.420	215	0.56	9.8	4.8
吡啶	115	0.983	0.88	1.507	305	0.71	10.4	5.3
丙酮	56	0.818	0.30	1.356	330	0.50	9.4	5.1
乙醇	78	0.789	1.08	1.359	210	0.88	—	4.3
乙腈	82	0.782	0.34	1.341	190	0.65	11.8	5.8
二甲亚砜	189	0.796	2.00	1.477	268	0.75	12.8	7.2
甲醇	65	1.394	0.54	1.326	205	0.95	12.9	5.1
硝基甲烷	101	0.659	0.61	1.380	380	0.64	11.0	6.0
甲酰胺	210	1.133	3.30	1.447	210	大	17.9	9.6
水	100	1.00	0.89	1.333	180	很大	21.0	10.2

*λ_{UV}为溶剂的剪切点，即在紫外波长大于该波长时，该溶剂不再有吸收。

附录 15　反相液相色谱常用固定相

类型	键合官能团	性质	分离模式	应用范围
烷基(C8, C18)	$-(CH_2)_7-CH_3$ $-(CH_2)_{17}-CH_3$	非极性	反相、离子对	中等极性的化合物，可溶于水的强极性化合物，如多环芳烃、合成药物、小肽、蛋白质、蓄族化合物、核苷、核苷酸

续表

类型	键合官能团	性质	分离模式	应用范围
苯基(Phenyl)	$-(CH_2)_5 - C_6H_5$	非极性	反相、离子对	非极性至中等极性的化合物，如多环芳烃、合成药物、小肽、蛋白质、菑族化合物、核苷、核苷酸
氨基($-NH_2$)	$-(CH_2)_5 - NH_2$	极性	正相、反相、阴阳离子交换	正相可分离的极性化合物，反相可分离的碳水化合物，阴离子交换可分离的酚、有机酸和核酸
腈基($-CN$)	$-(CH_2)_5 - CN$	极性	正相、反相	正相类似于硅胶吸附剂，适于分离极性化合物；反相可提供与非极性固定性不同的选择性
二醇基(Diol)	$-(CH_2)_5 - O - CH_2$ $- CH(OH) - CH_2(OH)$	弱极性	正相、反相	比硅胶的极性弱，适于分离有机酸及其聚合物，还可以作为凝胶色谱固定相

附录16　一些气体和蒸气的导热系数

物质	导热系数/ $(\times 10^{-5} \cdot KJ \cdot m^{-1} \cdot K^{-1} \cdot s^{-1})$		物质	导热系数/ $(\times 10^{-5} \cdot KJ \cdot m^{-1} \cdot K^{-1} \cdot s^{-1})$	
	273 K	373 K		273 K	373 K
空气	2.42	3.13	环己烷	—	1.79
氢	17.35	22.12	乙烯	1.75	3.09
氦	14.51	17.35	乙炔	1.88	2.84
氮	2.42	3.13	苯	0.92	1.83
氧	2.46	3.17	甲醇	1.42	2.29
氩	1.67	2.17	乙醇	—	2.21
一氧化碳	2.34	3.00	丙酮	1.00	1.75
二氧化碳	1.46	2.21	四氯化碳	—	0.92
氨	2.17	3.25	氯仿	0.67	1.04
甲烷	3.00	4.55	二氯甲烷	0.67	1.13
乙烷	1.79	3.04	甲胺	1.58	—
丙烷	1.50	2.63	乙胺	1.42	—
正丁烷	1.33	2.34	甲乙醚		2.42
正戊烷	1.29	2.21	乙酸甲酯	0.67	—
正己烷	1.25	2.09	乙酸乙酯	—	1.71

附录17　一些化合物的相对校正因子和沸点

化合物	沸点/℃	f_m*	化合物	沸点/℃	f_m
正戊烷	36	0.70	苯	80	0.78
正己烷	68	0.70	甲苯	110	0.79
环己烷	81	0.80	二乙醚	35	0.73
正庚烷	98	0.76	丙酮	56	0.65
环辛烷	126	0.75	甲醇	65	0.54
正任烷	151	0.60	乙醇	78	0.69

* 表中 f_m 值是在热导检测器上，以氢气为载气测得的数值。

附录18　常用氘代试剂中残余质子的化学位移
（化学位移值相对 TMS）

名称	基团	化学位移 δ/ppm	名称	基团	化学位移 δ/ppm
重水(D_2O)	羟基($-OH$)	4.7[b]	氘代三氟乙酸(CF_3COOD)	羧基($-COOH$)	11.3[b]
氘代氯仿(CCl_3D)	次甲基($-CH$)	7.25	二氘代二氯甲烷(CD_2Cl_2)	亚甲基($-CH_2$)	5.35
四氘代甲醇(CD_3OD)	甲基($-CH_3$)　羟基($-OH$)	3.35　4.8[b]	四氘代乙酸(CD_3COOD)	甲基($-CH_3$)　羧基($-COOH$)	2.05　11.5[b]
六氘代丙酮(($CD_3)_2CO$)	甲基($-CH_3$)	2.057	N，N-六氘代甲基氘代甲酰胺(($DCON(CD_3)_2$)	甲基($-CH_3$)　甲基($-CH_3$)　甲酰基($-C(O)H$)	2.75　2.95　8.05
三氘代乙腈(CD_3CN)	甲基($-CH_3$)	1.95	六氘代二甲亚砜(($CD_3)_2SO$)	甲基($-CH3$)　吸附水	2.51　3.3
氘代苯(C_6D_6)	次甲基($-CH$)	6.78	八氘代二氧六环(($CD_2)_4O_2$)	亚甲基($-CH_2$)	3.55
氘代环己烷(C_6D_{12})	亚甲基($-CH_2$)	1.40	全氘代六甲基磷酰胺(($CD_3)_6N_3PO$)	甲基($-CH_3$)	2.60

续表

名称	基团	化学位移 δ/ppm	名称	基团	化学位移 δ/ppm
氘代特丁醇 (C(CH₃)₃OD)ᵃ	甲基 (—CH₃)	1.28	五氘代吡啶(C₅D₅N)	C—2 次甲基 (—CH) C—3 次甲基 (—CH) C—4 次甲基 (—CH)	8.0 7.0 7.35

ᵃ分子式为 $C(CH_3)_3OD$；ᵇ化学位移值会随浓度变化。

附录19 化合物的摩尔质量

化合物	$M/(g \cdot mol^{-1})$	化合物	$M/(g \cdot mol^{-1})$	化合物	$M/(g \cdot mol^{-1})$
Ag_3AsO_4	462.52	$FeSO_4 \cdot 7H_2O$	278.01	$(NH_4)_2C_2O_4$	124.10
$AgBr$	187.77	$Fe(NH_4)_2(SO_4)_2 \cdot 6H_2O$	392.13	$(NH_4)_2C_2O_4 \cdot H_2O$	142.11
$AgCl$	143.32	H_3AsO_3	125.94	NH_4SCN	76.12
$AgCN$	133.89	$H_3A_SO_4$	141.94	NH_4HCO_3	79.06
$AgSCN$	165.95	H_3BO_3	61.83	$(NH_4)_2MoO_4$	196.01
$AlCl_3$	133.34	HBr	80.91	NH_4NO_3	80.04
Ag_2CrO_4	331.73	HCN	27.03	$(NH_4)_2HPO_4$	132.06
AgI	234.77	$HCOOH$	46.03	$(NH_4)_2S$	68.14
$AgNO_3$	169.87	CH_3COOH	60.05	$(NH_4)_2SO_4$	132.13
$AlCl_3 \cdot 6H_2O$	241.43	H_2CO_3	62.02	NH_4VO_3	116.98
$Al(NO_3)_3$	213.00	$H_2C_2O_4$	90.04	Na_3AsO_3	191.89
$Al(NO_3)_3 \cdot 9H_2O$	375.13	$H_2C_2O_4 \cdot 2H_2O$	126.07	$Na_2B_4O_7$	201.22
Al_2O_3	101.96	$H_2C_4H_4O_4$ (丁二酸)	118.09	$Na_2B_4O_7 \cdot 10H_2O$	381.37
$Al(OH)_3$	78.00	$H_2C_4H_4O_6$ (酒石酸)	150.09	$NaBiO_3$	279.97
$Al_2(SO_4)_3$	342.14	$H_3C_6H_5O . H_2O$ (柠檬酸)	210.14	$NaCN$	49.01
$Al_2(SO_4)_3 \cdot 18H_2O$	666.41	$H_2C_4H_4O_5$ (DL-苹果酸)	134.09	$NaSCN$	81.07

续表

化合物	$M/(\text{g} \cdot \text{mol}^{-1})$	化合物	$M/(\text{g} \cdot \text{mol}^{-1})$	化合物	$M/(\text{g} \cdot \text{mol}^{-1})$
As_2O_3	197.84	$HC_3H_6NO_2$（DL - a - 丙氨酸）	89.10	Na_2CO_3	105.99
As_2O_5	229.84	HCl	36.46	$Na_2CO_3 \cdot 10H_2O$	286.14
As_2S_3	246.03	HF	20.01	$Na_2C_2O_4$	134.00
$BaCO_3$	197.34	HI	127.91	CH_3COONa	82.03
BaC_2O_4	225.35	HIO_3	175.91	$CH_3COONa \cdot 3H_2O$	136.08
$BaCl_2$	208.24	HNO_2	47.01	$Na_3C_6H_5O_7$（柠檬酸钠）	258.07
$BaCl_2 \cdot 2H_2O$	244.27	HNO_3	63.01	$NaC_5H_8NO_4 \cdot H_2O$（L - 谷氨酸钠）	187.13
$BaCrO_4$	253.32	H_2O	18.015	NaCl	58.44
BaO	153.33	H_2O_2	34.02	NaClO	74.44
$Ba(OH)_2$	171.34	H_3PO_4	98.00	$NaHCO_3$	84.01
$BaSO_4$	233.39	H_2S	34.08	$Na_2HPO_4 \cdot 12H_2O$	358.14
$BiCl_3$	315.34	H_2SO_3	82.07	$Na_2H_2C_{10}H_{12}O_8N_2$（EDTA 二钠盐）	336.21
BiOCl	260.43	H_2SO_4	98.07	$Na_2H_2C_{10}H_{12}O_8N_2 \cdot 2H_2O$	372.24
CO_2	44.01	$Hg(CN)_2$	252.63	$NaNO_2$	69.00
CaO	56.08	$HgCl_2$	271.50	$NaNO_3$	85.00
$CaCO_3$	100.09	Hg_2Cl_2	472.09	Na_2O	61.98
CaC_2O_4	128.10	HgI_2	454.40	Na_2O_2	77.98
$CaCl_2$	110.99	$Hg_2(NO_3)_2$	525.19	NaOH	40.00
$CaCl_2 \cdot 6H_2O$	219.08	$Hg_2(NO_3)_2 \cdot 2H_2O$	561.22	Na_3PO_4	163.94
$Ca(NO_3)_2 \cdot 4H_2O$	236.15	$Hg(NO_3)_2$	324.60	Na_2S	78.04
$Ca(OH)_2$	74.09	HgO	216.59	$Na_2S \cdot 9H_2O$	240.18
$Ca_3(PO_4)_2$	310.18	HgS	232.65	Na_2SO_3	126.04
$CaSO_4$	136.14	$HgSO_4$	296.65	Na_2SO_4	142.04
$CdCO_3$	172.42	Hg_2SO_4	497,24	$Na_2S_2O_3$	158.10
$CdCl_2$	183.82	$KAl(SO_4)_2 \cdot 12H_2O$	474.38	$Na_2S_2O_3 \cdot 5H_2O$	248.17
CdS	144.47	KBr	119.00	$NiCl_2 \cdot 6H_2O$	237.70
$Ce(SO_4)_2$	332.24	$KBrO_3$	167.00	NiO	74.70

续表

化合物	$M/(\text{g}\cdot\text{mol}^{-1})$	化合物	$M/(\text{g}\cdot\text{mol}^{-1})$	化合物	$M/(\text{g}\cdot\text{mol}^{-1})$
$Ce(SO_4)_2\cdot4H_2O$	404.30	KCl	74.55	$Ni(NO_3)_2\cdot6H_2O$	290.80
$CoCl_2$	129.84	$KClO_3$	122.55	NiS	90.76
$CoCl_2\cdot6H_2O$	237.93	$KClO_4$	138.55	$NiSO_4\cdot7H_2O$	280.86
$Co(NO_3)_2$	182.94	KCN	65.12	$Ni(C_4H_2N_2O_2)_2$（丁二酮肟合镍）	288.91
$Co(NO_3)_2\cdot6H_2O$	291.03	$KSCN$	97.18	P_2O_5	141.95
CoS	90.99	K_2CO_3	138.21	$PbCO_3$	267.21
$CoSO_4$	154.99	K_2CrO_4	194.19	PbC_2O_4	295.22
$CoSO_4\cdot7H_2O$	281.10	$K_2Cr_2O_7$	294.18	$PbCl_2$	278.10
$CO(NH_2)_2$（尿素）	60.06	$K_3Fe(CN)_6$	329.25	$PbCrO_4$	323.19
$CS(NH_2)_2$（硫脲）	76.116	$K_4Fe(CN)_6$	368.35	$Pb(CH_3COO)_2\cdot3H_2O$	379.30
C_6H_5OH	94.113	$KFe(SO_4)_2\cdot12H_2O$	503.24	$Pb(CH_3COO)_2$	325.29
CH_2O	30.03	$KHC_2O_4\cdot H_2O$	146.14	PbI_2	461.01
$C_{14}H_{14}N_3O_3Sna$（甲基橙）	327.33	$KHC_2O_4\cdot H_2C_2O_4\cdot H_2O$	254.19	$Pb(NO_3)_2$	331.21
$C_6H_5NO_3$（硝基酚）	139.11	$KHC_4H_4O_6$（酒石酸氢钾）	188.18	PbO	223.20
$C_4H_8N_2O_2$（丁二酮肟）	116.12	$KHC_8H_4O_4$（邻苯二甲酸氢钾）	204.22	PbO_2	239.20
$(CH_2)_6N_4$（六亚甲基四胺）	140.19	$KHSO_4$	136.16	$Pb_3(PO_4)_2$	811.54
$C_{H6}O_6S\cdot2H_2O$（磺基水杨酸）	254.22	KI	166.00	PbS	239.30
C9H6NOH（8-羟基喹啉）	145.16	KIO_3	214.00	$PbSO_4$	303.30
$C_{12}H_8N_2\cdot H_2O$（邻菲罗啉）	198.22	$KIO_3\cdot HIO_3$	389.91	SO_3	80.06
$C_2H_5NO_2$（氨基乙酸、甘氨酸）	75.07	$KMnO_4$	158.03	SO_2	64.06
$C_6H_{12}N_2O_4S_2$（L-胱氨酸）	240.30	$KNaC_4H_4O_6\cdot_4H_2O$	282.22	$SbCl_3$	228.11
$CrCl_3$	158.36	KNO_3	101.10	$SbCl_5$	299.02
$CrCl_3\cdot6H_2O$	266.45	KNO_2	85.10	Sb_2O_3	291.50

化合物	$M/(g \cdot mol^{-1})$	化合物	$M/(g \cdot mol^{-1})$	化合物	$M/(g \cdot mol^{-1})$
$Cr(NO_3)_3$	238.01	K_2O	94.20	Sb_2S_3	339.68
Cr_2O_3	151.99	KOH	56.11	SiF_4	104.08
$CuCl$	99.00	K_2SO_4	174.25	SiO_2	60.08
$CuCl_2$	134.45	$MgCO_3$	84.31	$SnCl_2$	189.60
$CuCl_2 \cdot 2H_2O$	170.48	$MgCl_2$	95.21	$SnCl_2 \cdot 2H_2O$	225.63
$CuSCN$	121.62	$MgCl_2 \cdot 6H_2O$	203.30	$SnCl_4$	260.50
CuI	190.45	MgC_2O_4	112.33	$SnCl_4 \cdot 5H_2O$	350.58
$Cu(NO_3)_2$	187.56	$Mg(NO_3)_2 \cdot 6H_2O$	256.41	SnO_2	150.69
$Cu(NO_3) \cdot 3H_2O$	241.60	$MgNH_4PO_4$	137.32	SnS_2	150.75
CuO	79.54	MgO	40.30	$SrCO_3$	147.63
Cu_2O	143.09	$Mg(OH)_2$	58.32	SrC_2O_4	175.64
CuS	95.61	$Mg_2P_2O_7$	222.55	$SrCrO_4$	203.61
$CuSO_4$	159.06	$MgSO_4 . 7H_2O$	246.47	$Sr(NO_3)_2$	211.63
$CuSO_4 \cdot 5H_2O$	249.68	$MnCO_3$	114.95	$Sr(NO_3)_2 \cdot 4H_2O$	283.69
$FeCl_2$	126.75	$MnCl_2 . 4H_2O$	197.91	$SrSO_4$	183.69
$FeCl_2 \cdot 4H_2O$	198.81	$Mn(NO_3)_2 . 6H_2O$	287.04	$ZnCO_3$	125.39
$FeCl_3$	162.21	MnO	70.94	$HO_2(CH_3COO)_2 \cdot 2H_2O$	424.15
$FeCl_3 \cdot 6H_2O$	270.30	MnO_2	86.94	ZnC_2O_4	153.40
$FeNH_4(SO_4)_2 \cdot 12H_2O$	482.18	MnS	87.00	$ZnCl_2$	136.29
$Fe(NO_3)_3$	241.86	$MnSO_4$	151.00	$Zn(CH_3COO)_2$	183.47
$Fe(NO_3)_3 - 9H_2O$	404.00	$MnSO_4 . 4H_2O$	223.06	$Zn(CH_3COO)_2 \cdot 2H_2O$	219.50
FeO	71.85	NO	30.01	$Zn(NO_3)_2$	189.39
Fe_2O_3	159.69	NO_2	46.01	$Zn(NO_3)_2 \cdot 6H_2O$	297.48
Fe_3O_4	231.54	NH_3	17.03	ZnO	81.38
$Fe(OH)_3$	106.87	CH_3COONH_4	77.08	ZnS	97.44
FeS	87.91	$NH_2OH \cdot HCl$ （盐酸羟氨）	69.49	$ZnSO_4$	161.54
Fe_2S_3	207.87	NH_4Cl	53.49	$ZnSO_4 \cdot 7H_2O$	287.55
$FeSO_4$	151.91	$(NH_4)_2CO_3$	96.09		

附录20　有机化合物中一些常见元素的精确质量及其天然丰度

元素	同位素	精确质量	天然丰度/%	元素	同位素	精确质量	天然丰度/%
H	^1H	1.007 825	99.98	P	^{31}P	30.973 763	100.00
	^2H	2.014 102	0.015				
					^{32}S	31.972 072	95.02
C	^{12}C	12.000 000	98.90	S	^{33}S	32.971 459	0.75
	^{13}C	13.003 355	1.07		^{34}S	33.967 868	4.21
					^{35}S	35.967 079	0.020
N	^{14}N	14.003 074	99.63	Cl	^{35}Cl	34.968 853	75.77
	^{15}N	15.000 109	0.37		^{37}Cl	36.965 903	24.23
O	^{16}O	15.994 915	99.76	Br	^{79}Br	78.918 336	50.69
	^{17}O	16.999 131	0.038		^{81}Br	80.916 290	49.31
	^{18}O	17.999 159	0.20				
F	^{19}F	18.998 403	100.00	I	^{127}I	126.904 477	100.00

实 验 索 引

参 考 文 献

[1] 黄朝表，潘祖亭. 分析化学实验[M]. 北京：科学出版社，2013.

[2] 韩喜江. 现代仪器分析实验[M]. 哈尔滨：哈尔滨工业大学出版社，2008.

[3] 张剑荣，余晓东，屠一锋，等. 仪器分析实验（第二版）[M]. 北京：科学出版社，2009.

[4] 北京大学化学与分子工程学院分析化学教学组. 基础分析化学实验（第二版）[M]. 北京：北京大学出版社，2012.

[5] 赵红艳，赵殊，史俊友. 分析化学实验[M]. 北京：化学工业出版社，2015.

[6] 袁存光，祝优珍，田晶，等. 现代仪器分析[M]. 北京：化学工业出版社，2012.

[7] 李菁，舒森，陈文彬. 用氨基酸全自动分析仪测定婴幼儿配方奶粉中的16种氨基酸[J]. 食品工业科技，2012，33（4）：64 – 69.

[8] 邹明珠，张寒琦. 中级化学实验[M]. 长春：吉林出版社，2000.

[9] 齐美玲，赵正通. 定量分析化学[M]. 北京：北京理工大学出版社，2009.

[10] 北京大学化学系仪器分析教学组. 仪器分析教程[M]. 北京：北京大学出版社，1999.

[11] 张华，彭勤纪，利亚明，等. 现代有机波谱分析[M]. 北京：化学工业出版社，2006.

[12] 张小玲，张慧敏，邵清龙. 化学分析实验[M]. 北京：北京理工大学出版社，2007.

元素周期表

图例（示例）

26	← 原子序数
Fe	← 元素符号
铁	← 元素名称
3d⁶4s²	← 价电子组态，括号表示可能的组态
55.85	← 相对原子质量，加括号的数据为该放射性元素半衰期最长同位素的质量数

注*的表示人造元素

主表

周期 \ 族	1 (IA)	2 (IIA)	3 (IIIB)	4 (IVB)	5 (VB)	6 (VIB)	7 (VIIB)	8 (VIIIB)	9 (VIIIB)	10 (VIIIB)	11 (IB)	12 (IIB)	13 (IIIA)	14 (IVA)	15 (VA)	16 (VIA)	17 (VIIA)	18 (0)
1	1 H 氢 $1s^1$ 1.008																	2 He 氦 $1s^2$ 4.003
2	3 Li 锂 $2s^1$	4 Be 铍 $2s^2$ 9.012											5 B 硼 $2s^22p^1$ 10.81	6 C 碳 $2s^22p^2$ 12.01	7 N 氮 $2s^22p^3$ 14.01	8 O 氧 $2s^22p^4$ 16.00	9 F 氟 $2s^22p^5$ 19.00	10 Ne 氖 $2s^22p^6$ 20.18
3	11 Na 钠 $3s^1$ 22.99	12 Mg 镁 $3s^2$ 24.31											13 Al 铝 $3s^23p^1$ 26.98	14 Si 硅 $3s^23p^2$ 28.09	15 P 磷 $3s^23p^3$ 30.97	16 S 硫 $3s^23p^4$ 32.06	17 Cl 氯 $3s^23p^5$ 35.45	18 Ar 氩 $3s^23p^6$ 39.95
4	19 K 钾 $4s^1$ 39.10	20 Ca 钙 $4s^2$ 40.08	21 Sc 钪 $3d^14s^2$ 44.96	22 Ti 钛 $3d^24s^2$ 47.87	23 V 钒 $3d^34s^2$ 50.94	24 Cr 铬 $3d^54s^1$ 52.00	25 Mn 锰 $3d^54s^2$ 54.94	26 Fe 铁 $3d^64s^2$ 55.85	27 Co 钴 $3d^74s^2$ 58.93	28 Ni 镍 $3d^84s^2$ 58.69	29 Cu 铜 $3d^{10}4s^1$ 63.55	30 Zn 锌 $3d^{10}4s^2$ 65.41	31 Ga 镓 $4s^24p^1$ 69.72	32 Ge 锗 $4s^24p^2$ 72.64	33 As 砷 $4s^24p^3$ 74.92	34 Se 硒 $4s^24p^4$ 78.96	35 Br 溴 $4s^24p^5$ 79.90	36 Kr 氪 $4s^24p^6$ 83.80
5	37 Rb 铷 $5s^1$ 85.47	38 Sr 锶 $5s^2$ 87.62	39 Y 钇 $4d^15s^2$ 88.91	40 Zr 锆 $4d^25s^2$ 91.22	41 Nb 铌 $4d^45s^1$ 92.91	42 Mo 钼 $4d^55s^1$ 95.94	43 Tc 锝 $4d^55s^2$ ⟨98⟩	44 Ru 钌 $4d^75s^1$ 102.9	45 Rh 铑 $4d^85s^1$ 102.9	46 Pd 钯 $4d^{10}$ 106.4	47 Ag 银 $4d^{10}5s^1$ 107.9	48 Cd 镉 $4d^{10}5s^2$ 112.4	49 In 铟 $5s^25p^1$ 114.8	50 Sn 锡 $5s^25p^2$ 118.7	51 Sb 锑 $5s^25p^3$ 121.8	52 Te 碲 $5s^25p^4$ 127.6	53 I 碘 $5s^25p^5$ 126.9	54 Xe 氙 $5s^25p^6$ 131.3
6	55 Cs 铯 $6s^1$ 132.9	56 Ba 钡 $6s^2$ 137.3	57~71 La-Lu 镧系	72 Hf 铪 $5d^26s^2$ 178.5	73 Ta 钽 $5d^36s^2$ 180.9	74 W 钨 $5d^46s^2$ 183.8	75 Re 铼 $5d^56s^2$ 186.2	76 Os 锇 $5d^66s^2$ 190.2	77 Ir 铱 $5d^76s^2$ 192.2	78 Pt 铂 $5d^96s^1$ 195.1	79 Au 金 $5d^{10}6s^1$ 197.0	80 Hg 汞 $d^{10}6s^2$ 200.6	81 Tl 铊 $6s^26p^1$ 204.4	82 Pb 铅 $6s^26p^2$ 207.2	83 Bi 铋 $6s^26p^3$ 209.0	84 Po 钋 $6s^26p^4$ (209)	85 At 砹 $6s^26p^5$ (210)	86 Rn 氡 $6s^26p^1$ (222)
7	87 Fr 钫 $7s^1$ (223)	88 Ra 镭 $7s^2$ (226)	89~103 Ac-Lr 锕系	104 Rf 鑪* $(6d^27s^2)$ (261)	105 Db 𬭊* $(6d^37s^2)$ (262)	106 Sg 𬭳* $(6d^47s^2)$ (266)	107 Bh 𬭶* $(6d^57s^2)$ (264)	108 Hs 𬭾* $(6d^67s^2)$ (277)	109 Mt 鿏* $(6d^77s^2)$ (268)	110 Ds 𫟼* $(6d^87s^2)$ (281)	111 Rg 𬬭* $(6d^97s^2)$ (272)	112 Uub 鎶* $(6d^{10}7s^2)$ (285)	113 Uut $(6d^{10}7s^2)$ (284)	114 Uuq $(6d^{10}7s^2)$ (289)	115 Uup $(6d^{10}7s^2)$ (288)	116 Uuh $(6d^{10}7s^2)$ (292)	117 Uus $(7s^27p^5)$ unknow	118 Uuo $7s^27p^1$ (294)

镧系

57 La 镧 $5d^16s^2$ 138.9	58 Ce 铈 $4f^15d^16s^2$ 140.1	59 Pr 镨 $4f^36s^2$ 140.9	60 Nd 钕 $4f^46s^2$ 144.2	61 Pm 钷 $4f^56s^2$ (145)	62 Sm 钐 $4f^66s^2$ 150.4	63 Eu 铕 $4f^76s^2$ 152.0	64 Gd 钆 $4f^75d^16s^2$ 157.3	65 Tb 铽 $4f^96s^2$ 158.9	66 Dy 镝 $4f^{10}6s^2$ 162.5	67 Ho 钬 $4f^{11}6s^2$ 164.9	68 Er 铒 $4f^{12}6s^2$ 167.3	69 Tm 铥 $4f^{13}6s^2$ 168.9	70 Yb 镱 $4f^{14}6s^2$ 173.0	71 Lu 镥 $4f^{14}5d^16s^2$ 175.0

锕系

89 Ac 锕 $6d^17s^2$ (227)	90 Th 钍 $6d^27s^2$ 232.0	91 Pa 镤 $5f^26d^17s^2$ 231.0	92 U 铀 $5f^36d^17s^2$ 238.0	93 Np 镎 $5f^46d^17s^2$ (237)	94 Pu 钚 $5f^67s^2$ (244)	95 Am 镅* $5f^77s^2$ (243)	96 Cm 锔* $5f^76d^17s^2$ (247)	97 Bk 锫* $5f^97s^2$ (147)	98 Cf 锎* $5f^{10}7s^2$ (251)	99 Es 锿* $5f^{11}7s^2$ (252)	100 Fm 镄* $5f^{12}7s^2$ (257)	101 Md 钔* $5f^{13}7s^2$ (258)	102 No 锘* $5f^{14}7s^2$ (259)	103 Lr 铹* $5f^{14}6d^17s^2$ (262)